北京市社区教育课程开发系列教材

网络改变生活

主 编 吴慧涵 宋铁真

参 编 刘 蓉 万 缨 金 颖

机 械 工 业 出 版 社

从衣食住行到文化交流，网络正在慢慢改变人们的生活习惯。本书针对网络初学者，将网络与日常生活相结合，以讲述故事的形式，图文并茂地介绍了网络购物、社交媒体、网上挂号、网上理财、在线学习、娱乐游戏等具体操作方法，力求做到系统性与针对性、严谨性与操作性、实时性与兼容性有机结合，既有最新的网络应用内容，也有基础性的知识普及。本书深入浅出，适合具有计算机基础知识的学习者使用，是社区教育中网络学习类课程的必备资料。

图书在版编目（CIP）数据

网络改变生活／吴慧涵，宋铁真主编. —北京：
机械工业出版社，2016.10
北京市社区教育课程开发系列教材
ISBN 978-7-111-56291-7

Ⅰ.①网… Ⅱ.①吴… ②宋… Ⅲ.①互联网络—社区教育—教材 Ⅳ.①TP393.4

中国版本图书馆 CIP 数据核字（2017）第 047071 号

机械工业出版社（北京市百万庄大街22号　邮政编码100037）
策划编辑：宋　华　　　　　责任编辑：宋　华　王　慧　李　兴
责任校对：李　丹　　　　　封面设计：路恩中
责任印制：李　昂
北京中科印刷有限公司印刷
2017 年 4 月第 1 版第 1 次印刷
169mm×239mm·7 印张·116 千字
0001—2000 册
标准书号：ISBN 978-7-111-56291-7
定价：29.00 元
凡购本书，如有缺页、倒页、脱页，由本社发行部调换
电话服务　　　　　　　　　网络服务
　　　　　　　　　　　　　机工官网:www.cmpbook.com
服务咨询热线:010-88379833　
读者购书热线:010-88379649　机工官博:weibo.com/cmp1952
　　　　　　　　　　　　　教育服务网:www.cmpedu.com
封面无防伪标均为盗版　　　金书网:www.golden-book.com

北京市社区教育课程开发系列教材
编写委员会

社区教育是我国终身教育体系和学习型社会建设的重要组成部分,是满足人民群众不断增长的多样化学习需求的重要途径。《国家中长期教育改革和发展规划纲要(2010—2020年)》明确提出,到2020年,我国教育改革和发展的战略目标是:基本实现教育现代化,基本形成学习型社会,进入人力资源强国行列。教育部等九部门2016年7月发布的《关于进一步推进社区教育发展的意见》中提出:到2020年,社区教育治理体系初步形成,内容形式更加丰富,教育资源融通共享,服务能力显著提高,发展环境更加优化,居民参与率和满意度显著提高,基本形成具有中国特色的社区教育发展模式。同时明确指出:要提升社区教育内涵,加强课程资源建设,鼓励各地开发、推荐、遴选、引进优质社区教育课程资源,推动课程建设规范化、特色化发展,鼓励引导社区组织、社区居民和社会各界共同参与课程开发,建设一批具有地域特色的本土化课程。

为落实《国家中长期教育改革和发展规划纲要(2010—2020年)》精神和教育部等九部门的意见,满足北京市全民学习、终身学习的学习型社会建设的需要,北京市对社区教育发展高度重视,基本建立起了以社区为依托,整体育人、提高全民素质的社区教育新格局。近年来,社区教育的课程资源日渐丰富,对社区教育课程教学的探索也不断深入,社区教育质量不断提高,北京市社区教育发展开始进入内涵发展的关键时期。为丰富社区教育课程内容,规范社区教育课程建设,提升社区教育质量,从2015年开始,北京市教委在全市组织开展了社区教育课程建设,开发体现北京市特色的高质量社区教育课程系列教材。

社区教育课程系列教材的开发采用政府领导、科研伴随、专家指导、各区与社区教育单位积极参与的工作机制。在北京市教委的领导下，北京教科院组织专家团队开展了北京市社区教育现状调研，并在此基础上初步形成北京市社区教育课程体系，制定了北京市社区教育课程教材编写体例，用于指导社区教育课程系列教材开发工作。

首批社区教育课程系列教材开发工作，以 2015 年北京市社区教育课程教材（讲义）评选活动中的获奖作品为基础，按照北京市社区教育课程体系中"做健康北京人""做文明北京人""做科技北京人""做优雅北京人""做智慧北京人"五大课程系列完成了 10 本教材的开发。

首批社区教育课程系列教材的开发工作，得到了北京市教委领导的高度关注，社区教育专家、课程教学专家的倾力指导，北京市各区教委职成科、社教科、相关社区教育学院、社区教育中心、职业院校及单位的大力支持，以及 10 本教材所有编者的全力付出，在此表示衷心的感谢！

首批社区教育课程系列教材的开发，还只是探索北京市社区教育课程资源建设工作的初步成果，在各方面还存在很多不成熟、不完善的地方，衷心期待能够得到广大社区教育专家、同仁的批评与指正，也期望在社区教育课程实践中得到检验。

北京市社区教育课程开发
系列教材编写委员会

前言

随着网络的普及，现在越来越多的人开始在网上做各种各样的事情，网络购物、网上聊天、学习、娱乐、生活缴费、银行账户查询、转账，甚至理财等。网络已经和我们的生活息息相关，成为我们日常生活中不可缺少的内容。

网络不仅对人们的物质生活产生了巨大的作用，也给人们的精神生活带来了深远的影响。通过学习，人们可以促进自身的社会化和全面发展，不断提高生存能力、生活质量和素质素养；通过学习，可以弘扬社会主义核心价值观，促进社会治理的实现；通过学习，可以提升文化品位，促进社区可持续发展及社会文明程度提高。本书以满足最广大社区学习者教育的实际需要为基本出发点，贴近社会生活实践，实用价值较高，力求能为广大社区居民喜爱和接受。

本书以"任务驱动，案例教学"为出发点，以学习者了解网络知识和网络操作能力的培养为主线，依据社区居民的实际情况和需求讲解网络在日常生活中的常用功能，结合知识点按操作步骤讲解。同时，以精炼的情景故事引入学习，更贴近生活。书中使用不同的图形标识，清晰醒目，标题结构简单，便于查询；文字简洁明了，浅显易懂；使用最新版本真实界面图示操作过程，过程清晰，一目了然，方便对照学习。此外，重点内容添加了醒目的图形提示。每单元后面布置相应练习，以巩固学习和拓展练习。

本书共四个单元，参加编写的人员有：金颖（第一单元）、宋铁真（第二单元、第三单元、第四单元任务一、三、四）、万缨（第四单元任务二）、吴慧涵和刘蓉（第五单元）。为配合本书的使用，我们向读者提供了微课视频，学习者可以观看具体操作过程，实现移动学习和碎片化学习。

本书在编写过程中得到了北京教科院职成教研中心老师的支持与帮助，得到了长期从事计算机网络教育教学的专家和教授的指导，同时也广泛征集了北京社区居委会和社区居民的意见与建议。由于时间紧，在编写过程中难免存在不足和疏漏，恳请各位专家及读者给予批评指正。

编　者

目录
Contents

前言

（1）第一单元
遨游网络世界

任务一　认识浏览器／2

任务二　设置浏览器／5

任务三　网上搜索／9

任务四　下载文件／11

本单元小结／13

思考与练习／13

（14）第二单元
网络中的衣食住行

任务一　网上购物／15

任务二　公交线路查询／20

任务三　网上预约挂号／22

任务四　网上理财／27

本单元小结／32

思考与练习／33

（34）第三单元
网络中的文化生活

任务一　在线学习／35

任务二　信息查询／37

任务三　网络游戏／41

任务四　下载歌曲 / 47

任务五　保存网上图片 / 49

本单元小结 / 52

思考与练习 / 53

(54) **第四单元**
网络中的交流

任务一　QQ 聊天 / 55

任务二　微信沟通 / 63

任务三　电子邮箱的使用 / 74

任务四　微博的使用 / 79

本单元小结 / 89

思考与练习 / 89

(90) **第五单元**
使用网络的安全提示

任务一　网络购物的安全提示 / 91

任务二　虚假网站的辨别 / 95

任务三　网络陷阱的鉴别 / 98

任务四　手机网络的安全提示 / 98

本单元小结 / 99

思考与练习 / 99

(100) **参考文献**

第一单元　遨游网络世界

● **知识目标：**

　　了解浏览器的作用、发展历史，能说出几种常用的浏览器，知道浏览器的基本使用方法及操作技巧。

● **能力目标：**

　　能够使用一到两种常用的浏览器浏览网页。学会保存网页，会使用历史记录及收藏夹，养成收藏有用网址的好习惯。了解浏览器的界面定制和浏览器选项的设置方法。

● **情感目标：**

　　培养学员对网络的兴趣，形成利用网络解决问题的良好意识，提高学员的动手、动脑能力，使他们体会通过浏览器获得巨大信息量带来的便利。

● **本单元重点：**

　　1. 网上浏览的基本方法。
　　2. 如何设置浏览器。
　　3. 网上搜索。

● **本单元难点：**

　　1. 设置浏览器。
　　2. 网上下载文件。

现在的世界是网络的世界。

网络是神奇的，它为我们的生活带来了极大的便利。当您遇到烦恼问题时，可千万别忘了它，相信它在一定程度上可以为您排忧解难。当您想了解国家大事和社会新闻时，您只需简单上网，各种各样的新闻消息就尽在您的掌握之中了；当您需要一些生活用品时，网络也可以帮您，您只要轻松地点击鼠标，送货上门服务肯定让您称心如意。

网络更是一个通信的好工具。您是否有远在异乡的亲朋好友，您是不是很想与他们联系？网络可以帮你！您可以通过网络与他们进行面对面的交谈，互诉衷肠，仿佛你们就在面对面地聊天。无论你们相距多远，网络都可以使你们感觉近在咫尺。如果您有许多话要说，又找不到倾诉的对象，您也可以上网向一位您不认识的朋友倾诉心声，说不定您又会多一位好朋友呢！

网络，像一根很长的绳子，它把一个很大的世界连接在一起。网络，使我们的生活更加方便，更加丰富多彩，也使我们的生活质量不断提高。本单元，编者会带着您去遨游一下神奇的网络世界。

任务一　认识浏览器

故事引入：儿子给买了台计算机

儿孙们都大了，李大爷忽然闲下来，感觉无所事事。儿子给老爸买来一台计算机，并且接入了小区宽带。可李大爷看了却说，这玩意能干啥？儿子对老爸说，您别急，用不了几天，您就会离不开它！

教你一手——网上浏览

我们都知道无论是干什么事，都需要有合适的工具。想要遨游网络世界，同样需要有合适的工具。需要什么工具呢？首先我们需要有一台计算机（台式计算机、笔记本式计算机、iPad 等都行），然后还需要有可以连接的网络（ADSL、宽带等）。当这两项条件都具备了，计算机就已经连接好了网络。那么，怎样进入网络世界呢？这就需要使用浏览器了。

浏览器是一种计算机上常用的应用软件，指专门用于上网浏览的客户端服务程序。浏览器是获取 WWW 服务的基础，它的基本功能就是对网页进行显示。目前使用最广泛的浏览器主要有：微软（Microsoft）公司的 Internet Explorer（简称 IE 浏览器）、Mozilla 公司的 Firefox（火狐）和 360 安全浏览器等。

现在就让我们打开 IE 浏览器，进入一个综合性网站——搜狐网，去遨游一下吧。

1. 首先要在我们自己的计算机中，找到 IE 浏览器。它在哪儿呢？如图 1-1 所示。

图 1-1　桌面快键启动栏上的 IE 浏览器图标

2. 单击快速启动栏中 IE 浏览器的图标，即可打开 IE 浏览器，如图 1-2 所示。

图 1-2　IE 浏览器界面

3. 在地址栏中，输入搜狐网的网址：www. sohu. com，按〈Enter〉键，即可进入搜狐网首页，如图 1-3 所示。

4. 接下来的事，就可以随您自己的心意了。原则就是：想看什么，就在这个地方单击一下您的鼠标就可以了。

网络改变生活

图 1-3　搜狐网首页

温馨提示

遨游网络世界的基本过程，如图 1-4 所示。

图 1-4　遨游网络世界的基本过程

遨游网络世界有点儿像打电话。当我们给别人打电话时，要知道对方的电话号码，才能与对方取得联系。上网也一样，要想进入某个网站，要知道网站的地址（简称网址）。以下是一些常用的网址：

- 综合性网站——新浪网：http：//www. sina. com. cn
- 综合性网站——搜狐网：http：//www. sohu. com
- 新闻类网站——人民网：http：//www. people. com. cn
- 新闻类网站——新华网：http：//www. xinhuanet. com
- 视频网站——优酷网：http：//www. youku. com
- 视频网站——我乐网：http：//www. 56. com
- 购物网站——淘宝网：http：//www. taobao. com
- 购物网站——京东网：http：//www. jd. com
- 购物网站——中粮我买网：http：//www. womai. com

当要在网络中，查找不知道网址的网页时，怎么办呢？跟打电话也是一样的，当我们要给不知道电话号码的地方打电话时，会想到拨打 114 查号台来查询相应的电话号码。在网络世界中，也有这样的"查号台"，它们被称为搜索引擎。搜索引擎是一种专门提供搜索服务的网站，常用的搜索引擎有：

- 百度：http：//www.baidu.com
- 搜狗：http：//www.sogou.com

任务二　设置浏览器

故事引入：恼人的英文字母

李大爷最近经常使用计算机上网看新闻，可是由于对 26 个英文字母不熟悉，总是输错网址，每次都把李大爷急得够呛！于是李大爷又把儿子叫来，让他给解决问题：能不能一打开浏览器就自动进入自己经常上的页面？能不能把自己经常上的网址做成一个"通信录"呢？

教你一手——设置浏览器

当我们上网的时候，总是会有一个最经常进入的网站，为了操作方便，可以将其设置成浏览器的主页。设置完成后，打开浏览器的同时会自动进入该网站。下面将介绍如何将 http：//www.hao123.com 这个网址设置成 IE 浏览器的主页。

1. 打开 IE 浏览器，在地址栏输入网址：www.hao123.com，按〈Enter〉键，即可进入 hao123 网址之家，如图 1-5 所示。

图 1-5　hao123 网址之家

2. 单击"工具"按钮，在弹出的菜单中，单击"Internet 选项（O）"命令，如图 1-6 所示。

图 1-6 "Internet 选项（O）"命令的位置

3. 在弹出的"Internet 选项"对话框中，打开"常规"选项卡，单击"使用当前页"按钮，如图 1-7 所示。这样就完成了这项设置。

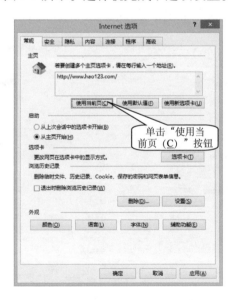

图 1-7 "Internet 选项"对话框

温馨提示

● "使用当前页"按钮：单击此按钮，会将当前 IE 浏览器正在打开的网页设置成浏览器的主页。

● "使用空白页"按钮：单击此按钮，会将空白网页设置成浏览器的主页，即打开浏览器时不进入任何网页。

教你一手——保存有用的网页地址

网络世界中有用的信息实在是太多了，我们不可能将很多的网址都熟记于心。IE 浏览器中给我们提供了用于网络世界的地址簿——收藏夹。下面将把京东商城的网址添加到收藏夹为例进行介绍。

1. 打开 IE 浏览器，输入网址 www.jd.com，按〈Enter〉键，即可进入京东商城的首页，如图 1-8 所示。

图 1-8 京东商城的首页

2. 单击"收藏夹"按钮，在弹出的菜单中，单击"添加到收藏夹"按钮，如图 1-9 所示。

3. 在弹出的"添加收藏"对话框中，在"名称"框中输入"京东商城"，单击"添加"按钮，如图 1-10 所示。这样就完成了这项设置。

4. 下次如果想进入京东商城，便可以单击"收藏夹"按钮，在弹出的菜单中，单击"京东商城"，如图 1-11 所示，就可以很方便地进入了。

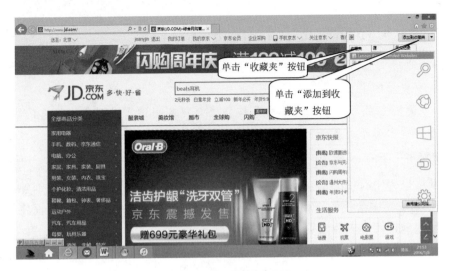

图 1-9　"添加到收藏夹"按钮的位置

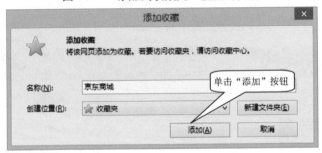

图 1-10　"添加收藏"对话框

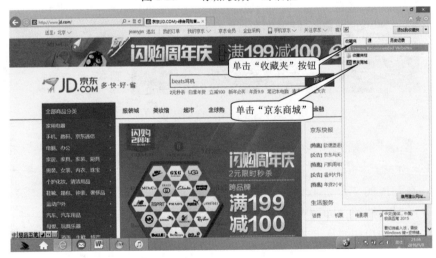

图 1-11　使用收藏夹中的网址

温馨 提示

当我们收藏的网址变多了的时候，可以在收藏夹中创建文件夹，对不同类型的网址进行分类整理。

任务三　网上搜索

故事引入：想买微单相机

李大爷最近喜欢上了摄影，他听别人说微单相机很好，体积小、重量轻，照出来的照片却有单反的效果，便想购置一台。但是，他不了解什么是微单相机，也不清楚哪个品牌、哪个型号的微单相机好，于是他就想到借助网络来获得帮助。

教你一手——搜索文字信息

如何在网上查找想要的相关资料呢？

1. 打开 IE 浏览器，输入网址 www. baidu . com，按〈Enter〉键，即可进入百度首页，如图 1-12 所示。

图 1-12　百度首页

2. 在"搜索"框中，输入"微单相机"，单击"百度一下"按钮，然后就会打开相应的搜索结果页面，如图 1-13 所示。

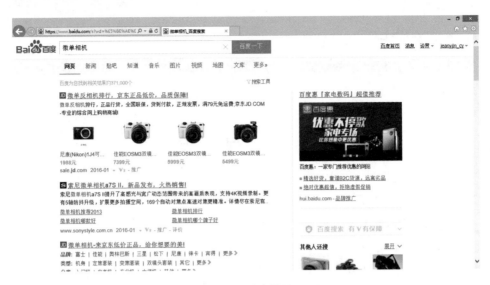

图1-13　搜索结果

3. 在搜索结果页面中，可以随意单击想看的链接，即可打开相应的页面，如图1-14所示。

图1-14　"微单相机"百度百科

温馨提示

其实搜索信息很简单，想要获得什么信息，就在搜索引擎的"搜索"框中，输入相应的内容。然后，单击相应的"搜索"按钮即可。

特别提示：请大家注意，对于从网络中搜索到的信息，要通过自己的判断有选择地接受，网络信息鱼龙混杂，不可盲目轻信。

任务四　下载文件

故事引入：下载文件

李大爷最近迷上了在网上看视频，可是有时网速太慢，播放视频时总是断断续续的。要是能下载到计算机来看就好了。可是怎么下载文件呢？

教你一手——网页下载

人们经常从网络中获取需要的内容（信息、文件、软件等）。下面将以迅雷软件为例介绍如何从网络中下载软件。

1. 打开 IE 浏览器，输入网址 www.baidu.com，按〈Enter〉键，即可进入百度首页。在"搜索"框中，输入"迅雷下载"，单击"百度一下"按钮。然后，就会打开相应的搜索结果页面，如图 1-15 所示。

图 1-15　"迅雷下载"的百度搜索结果

2. 在搜索结果页面中，单击"迅雷产品中心"的链接，即可打开相应的页面，如图 1-16 所示。

3. 单击相应的"下载"链接，如图 1-17 所示。在 IE 浏览器下方的弹出框中，单击"保存"按钮，然后就开始将文件下载到默认的下载文件夹中，下载完成如图 1-18 所示。

4. 下载完成后，单击"运行"按钮，即可完成迅雷软件的安装；单击"打开文件夹"按钮，即可打开默认的下载文件夹查看下载的文件。

图 1-16 迅雷产品中心页面

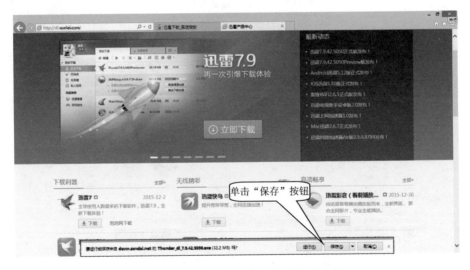

图 1-17 下载文件时"保存"按钮的位置

图 1-18　下载完成的页面

本单元小结

本单元讲述了网上浏览和网上下载文件的基本流程、设置浏览器及将需要的网址添加到收藏夹等内容。这些都是上网的一些最基础的操作，希望通过本单元的学习能为大家今后的学习打下良好的基础，并且也希望大家能够从网络中找到乐趣。

思考与练习

1. 李大爷最近喜欢上凤凰网 www.ifeng.com 看新闻，请将该网址添加到浏览器的收藏夹中。

2. 李大爷准备最近亲自给小孙子做个奶酪蛋糕，请上网查找一下相关的做法。

第二单元　网络中的衣食住行

任务一 网上购物

故事引入：买台新电视机

李大爷是个足球迷，正赶上世界杯足球赛马上就要开始了，可家里用了多年的老电视机坏了，这可急坏了李大爷，赶紧把儿子叫来商量换台新电视机的事儿。儿子说："马上就买。"于是不紧不慢地打开计算机，手把手地教老爸如何在网上买电视机。

教你一手——网上购物

现在网络购物已经成为年轻人生活中不可缺少的部分，越来越多的中老年人也加入网购的行列。网购方便快捷、价格便宜、送货迅速，这些优势和特点吸引着人们，也激发了人们更多的购物欲望。

现以京东购物网站为例学习网上购物。

1. 登录京东购物网站 http://www.jd.com，如图2-1所示。

图2-1 登录京东购物网站

网络改变生活

京东是中国最大的自营式电商企业，在线销售家电、服装、家居与家庭用品、食品与营养品、书籍等产品。

2. 要想在京东购物网站上购物，首先要进行注册。

单击如图 2-1 所示"免费注册"按钮，进入注册界面，如图 2-2 所示。用电子邮箱和手机号注册都可以。按要求填入个人用户注册信息。

图 2-2　注册

温馨提示

一定要记住你的账户名和密码，每次购物都要用它们登录后才能购物。

如果以前注册过，可以单击图 2-1 中所示"登录"，输入账户名和密码，即可进入购物界面。

3. 在搜索框中输入要买的商品名称或在商品分类中查找，如图 2-3所示。

4. 在搜索到的内容中再比较选择，如图 2-4 所示。

5. 可单击你看中的一款商品，看看具体的性能介绍，觉得还不错就先单击"加入购物车"，如图 2-5 所示。

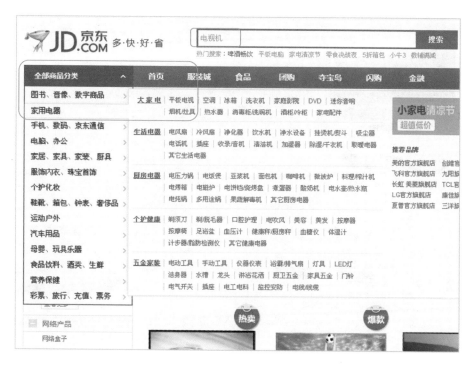

图 2-3 查找商品（1）

图 2-4 查找商品（2）

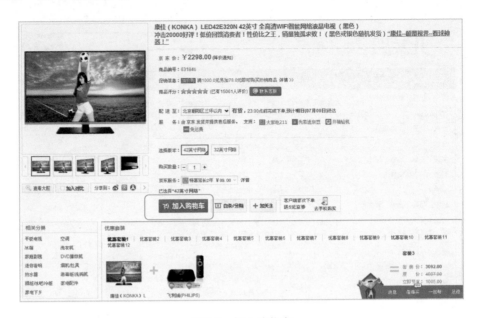

图 2-5　加入购物车

温馨提示

可以把要买的东西都先添加到购物车，以待再度斟酌选择。

6. 您选择的电视已经成功添加到购物车，如图 2-6 所示。

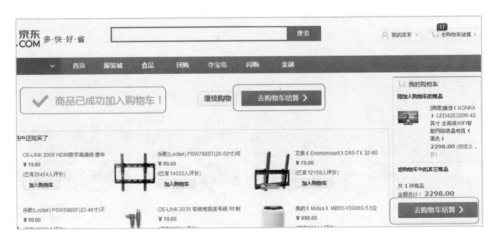

图 2-6　去购物车

7. 单击"去购物车结算"，如图 2-6 所示。打开"我的购物车"，选中确认要买的商品，单击"去结算"，如图 2-7 所示。

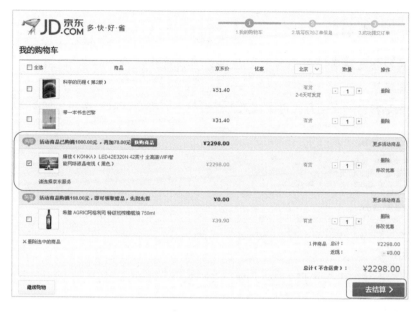

图 2-7　去结算

8. 选择"支付及配送方式"，填写并核对"收货人信息"，确认自己的姓名、电话、地址信息无误，以便快递员能准确送达，如图 2-8 所示。

图 2-8　选择支付及配送方式

温馨 提示

如果购物网站有"货到付款"服务，可以选择"货到付款"，看到东西再交钱心里更踏实。

9. 最后核对购买信息，再次核对无误后单击"提交订单"按钮，如图2-9所示。

图2-9　提交订单

李大爷第二天就收到了京东客服的确认电话，通知他公司会马上发货，做好收货准备。厂家的安装调试人员也会免费上门服务。

任务二　公交线路查询

故事引入：老朋友聚会

李大爷多年未见的几个老朋友要约在一起聚一聚。李大爷住在西直门内南草厂街口附近，聚会的时间、地点为 1 月 18 日上午 10：00、海淀净雅大酒店。可是李大爷不知道海淀净雅大酒店具体在什么地方，坐什么车能到。正在发愁的时候，儿子来了，又不紧不慢地打开了计算机。

教你一手——用百度地图查询公交线路

1. 打开百度，单击"地图"选项，如图 2-10 所示。

图 2-10　打开百度地图

2. 在百度地图页面，选择"公交"选项，在文本框中输入当前地址及要到达地址，单击"百度一下"按钮，即可显示出多种乘车方案，选择你满意的方案，右侧地图则显示出乘车路线，如图 2-11 所示。

图 2-11　线路查询

温馨 提 示

滚动鼠标滚轮可以使地图显示比例放大或缩小，放大显示比例可以使你看得更清楚，连街道、小胡同都能看清。

单击如图 2-11 所示"发送到手机"，可以把查询到的结果以短信的方式发送到你的手机上，这样便可以在去目的地的路上随时查看换乘车次。

李大爷按照百度地图查询的结果提前 1 小时出发，顺利地找到了集合地点，和老朋友们见了面，聊得非常开心，并约好了下次聚会的时间、地点。李大爷还与老朋友们交流了一下如何通过网络查询乘车路线。

任务三 网上预约挂号

故事引入：生病了

李大爷的风湿病又犯了，总想去医院看看，可想到挂号的艰难，就一拖再拖。那天儿子来看老两口，说起了这件事。儿子说现在挂号比以前方便多了，在网上就能挂号。于是马上就开始在网上给老爷子挂起了号。

教你一手——网上预约挂号

1. 登录北京网上预约挂号统一平台 http：//www. bjguahao. gov. cn，如图 2-12所示。

图 2-12 登录北京网上预约挂号统一平台

2. 注册登录：首次预约挂号须进行在线实名注册。单击如图 2-12 所示"注册"，打开注册信息界面，按要求填写注册信息。填写后单击"立即注册"按钮即完成注册，如图 2-13 所示。

图 2-13 注册登录

3. 选择医院：可以通过多种搜索方式找到要预约的医院。如要去"中国中医科学院广安门医院"看病，可按图 2-14 所示的操作查询。

4. 单击你要去的医院后面的"现在预约"按钮，如图 2-15 所示。

5. 选择科室：选择挂号的科室，如图 2-16 所示。

6. 选择预约日期，如图 2-17 所示。

7. 打开"开始预约"窗口，选择具体预约时间，单击"预约挂号"按钮，如图 2-18 所示。

图 2-14 选择医院

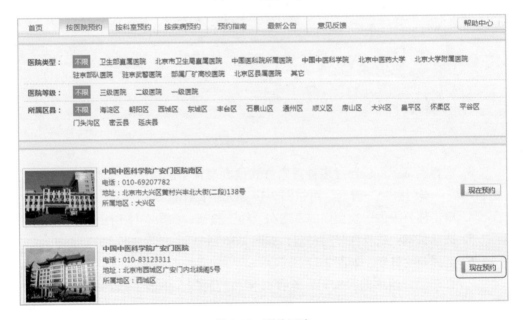

图 2-15 预约医院

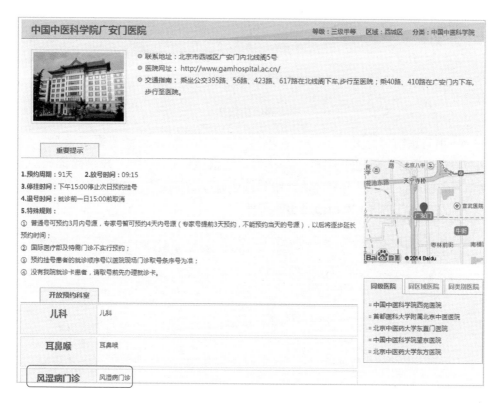

图 2-16　选择科室

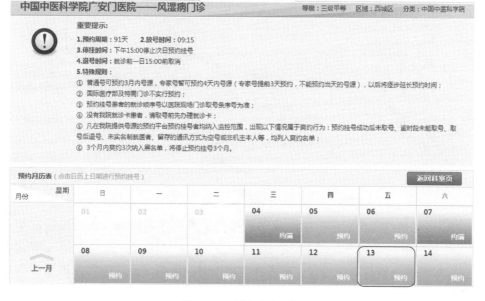

图 2-17　选择预约日期

开始预约									
日期	星期	午别	科室	医生	职称	挂号费	专长	可挂号	剩余号	操作
2015-11-13	5	上午	风湿病门诊	普通号	普通号	5.00		3	3	预约挂号
2015-11-13	5	下午	风湿病门诊	普通号	普通号	5.00		3	3	预约挂号

图 2-18　预约挂号

8. 填写预约信息并短信验证：填写"医保卡号"，选择"报销类型"后，单击"点击获取"按钮，手机会接收到"短信验证码"，把"短信验证码"正确填写到相应位置。单击"确认预约"按钮即可成功预约，如图 2-19 所示。

预约成功后弹出本次预约成功的信息。

图 2-19　填写预约信息并确认

9. 接收预约成功短信：预约成功后你的手机会接收到预约成功短信及唯一的 8 位数字预约识别码。

10. 医院就诊：就诊当日，患者在规定的时间段内，前往医院凭就诊者本人预约登记时的有效证件和预约识别码就诊。

温馨 **提 示**

现在已有很多医院开通了网上免费预约挂号的服务，来解决大家挂号难、就医难的问题，可以直接到这些医院的网站去预约，如北京协和医院，单击"网上挂号"按钮进行网上免费预约挂号即可，如图 2-20 所示。

图 2-20 直接到医院的网站去预约

当然你也可以打预约挂号电话（010-114/116114）进行电话预约，如图 2-21 所示。

图 2-21 打预约电话预约挂号

有了网上预约挂号，李大爷再也不用为看病起大早去医院排队挂号了。通过网上预约挂号，李大爷顺利地看了病。经过几次治疗，现在李大爷的病情好多了。

任务四 网上理财

故事引入：网上理财

李大爷和李大妈工作多年，退休后也攒了些钱，存在银行又感觉利息低，怎么让闲置的资金运转起来，多赚一些利息呢？听老伙伴们说可以在网上购买理财产品，利息比存在银行高一些。于是，李大爷就让儿子教他怎么在网上理财。

教你一手——网上理财

很多银行都有自己的网上理财产品，操作方式大同小异，现以工商银行网上理财为例讲解如何进行网上理财。

1. 要购买网上理财产品，首先要开通网上银行，到网上进行注册。

登录工商银行网站 http：//www.icbc.com.cn，单击"注册"按钮，如图 2-22 所示。

2. 按提示填写注册信息，并完成注册，如图 2-23 所示。

图 2-22　登录工商银行网站

图 2-23　个人网上银行注册

温馨提示

1. 一定要记住您申请的个人网银的登录名和密码。

2. 首次购买理财产品，本人还要去银行柜台办理相应手续，并进行风险评估测评，然后才能购买理财产品。

3. 打开中国工商银行网站，单击"个人网上银行登录"按钮，如图 2-24 所示。

图 2-24　个人网上银行登录

4. 输入"个人网银登录"的登录名、登录密码及验证码，如图 2-25 所示。

图 2-25　输入登录信息

5. 单击如图 2-25 所示"登录"按钮，进入"个人网上银行"，如图 2-26 所示。

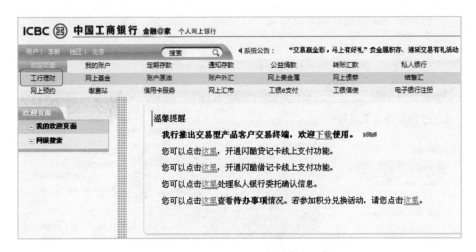

图 2-26 进入"个人网上银行"

6. 单击如图 2-26 所示"工行理财"下的"购买理财产品"，选择合适的理财产品。如图 2-27 所示。

图 2-27 选择合适的理财产品

温馨 提示

购买理财产品前要考虑好您这笔钱大约在什么时候用，理财产品是否保本，利息是多少，还有风险程度，要对这些问题进行综合考虑后再做出购买决定。

如果您对理财产品不是很了解，最好购买保本型的理财产品。

如果这笔资金短期内不用，可选择账期理财产品，这样也会获得较高一些的收益。

7. 根据自己的资金情况选择理财产品，单击如图 2-27 所示"购买"，显示电子版理财产品协议，如图 2-28 所示。

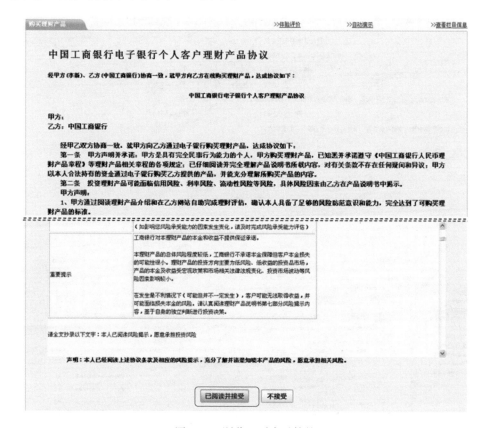

图 2-28　浏览理财产品协议

温馨 提示

这个电子银行个人理财产品协议一定要认真阅读。

8. 阅读协议后，单击如图 2-28 所示"已阅读并接受"按钮。在打开的界面中填写购买金额，单击"确定"按钮，如图 2-29 所示。

9. 若您的资金 3、5 年以后才用，建议买国债，比较安全。

（1）单击"网上债券"，再单击"储蓄国债"（电子式），显示储蓄国债（电子式）产品列表。单击"购买"，如图 2-30 所示。

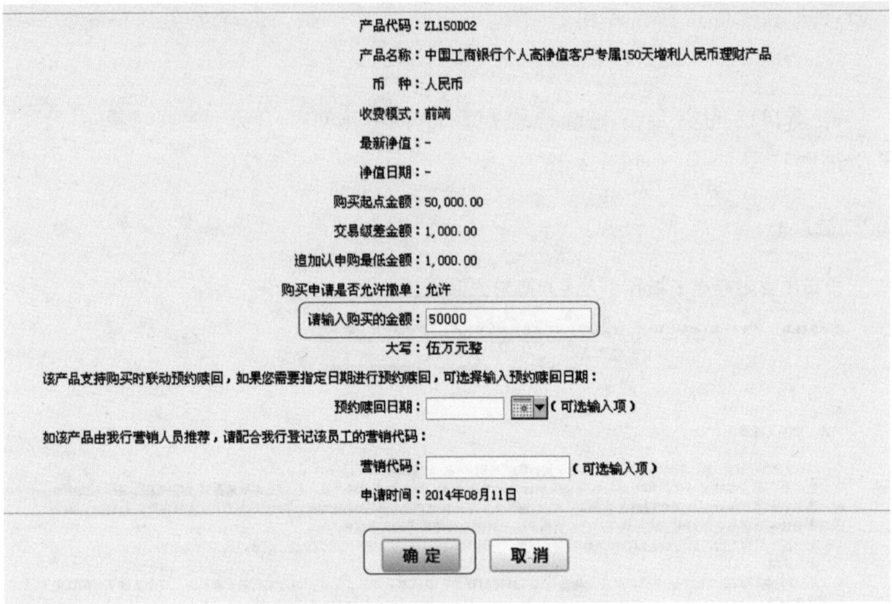

图 2-29　填写购买理财产品金额

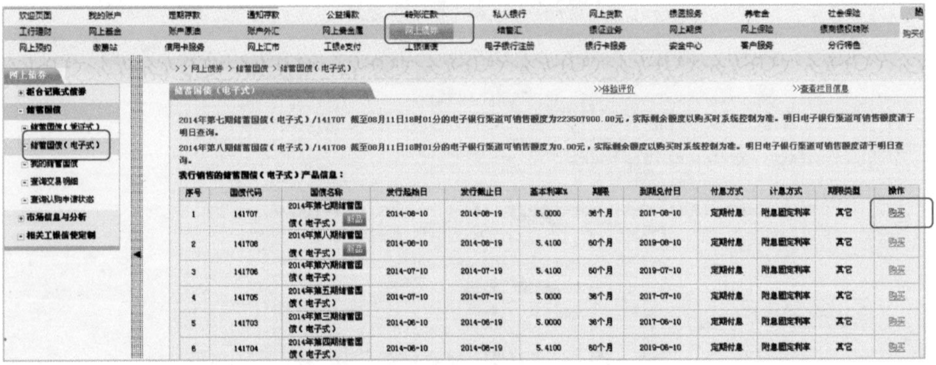

图 2-30　购买"储蓄国债"（电子式）

（2）其他操作与购买理财产品类似。

李大爷自从学会了在网上购买理财产品，就经常关注有什么合适的理财产品，前后购买了几次保本稳利的理财产品和电子式国债，坐在家里就小赚了几笔，心情很舒畅。

本单元 小结

本单元讲述了网上购物的基本流程、使用百度地图查询出行路线、网上预约挂号的操作方法及网上理财的操作过程。这些都是现实生活中常遇到的情况，希望通过本单元的学习能为大家的生活带来方便和实惠。

思考与练习

1. 请亲自体验一次网上购物。

2. 李大爷和老朋友们约好了下次聚会的地点在中华世纪坛，需要上网查查怎么乘车到达。请尝试帮他查询乘车路线。

3. 时常关注银行新发行的理财产品，试试在网上购买更划算的理财产品。

第三单元　网络中的文化生活

　　了解如何利用网络解决文化生活中的实际问题，能够描述解决问题的基本操作方法和流程。

　　掌握利用搜索引擎网站查找相关信息的方法；根据学习需求学习网上视频课程；会从网上下载歌曲和游戏。

　　通过实例讲解利用网络解决生活中的各种实际问题，从而转变思维方式与生活方式，并体会网络给人们带来的生活便利，享受网络带来的方便和快乐。

　　1. 在线学习的方法。

　　2. 信息的搜索方法。

　　3. 信息的下载及保存。

　　1. 各种信息的下载及保存。

　　2. 下载信息的使用。

任务一　在线学习

故事引入：活到老学到老

社区要举办英语口语比赛，李大爷可是个活动积极分子，可是他的英语基础基本为零，于是他想让儿子教他一些日常英语口语。可儿子天天要上班，下班还要照顾家里，实在没有那么多时间教他，但儿子说可以帮他找一位几乎不花钱的好老师。这时，儿子又打开了计算机。

教你一手——在线学习

网上的教学资源极为丰富，你可以随时学习想学的知识。以下是儿子以百度视频搜索为例查找老爸要学习的内容。

1. 打开百度，选择"视频"选项，在搜索框中输入"常用英语口语"，单击"百度一下"，即可搜索到很多相关的视频课程，如图3-1所示。

图3-1　搜索视频课程

2. 选择比较接近所需内容的视频，单击打开，即可观看，如图 3-2 所示。

图 3-2　打开视频课程

温馨 提 示

有时不一定一下就能找到特别符合要求的视频内容，不要着急，多打开几个看看，相信你一定会找到一个满意的。

3. 在观看视频过程中，你可以随时按下视频画面下面的"暂停"按钮，如图 3-3 所示。多练习一下或记录一下，然后再按"播放"按钮继续播放，如图 3-3 所示。

调节音量滑块可以调节音量大小，这样听得更舒服、更清晰，如图 3-3 所示。

单击"全屏"按钮，可以全屏播放视频节目，这样老年人会看得更清楚，如图 3-3 所示。

图 3-3　观看视频时的操作

通过一段时间的网络学习，李大爷体会到了网上学习的好处——可以反复学习，可以随时学习，听着纯正的英语口语简直是一种享受。李大爷通过网上视频课程学会了很多英语常用口语，在社区举办的英语口语比赛中取得了好成绩，这更加激起了他的学习兴趣，逢人便说，要活到老学到老。

任务二　信息查询

故事引入：学做美食

周日，家乡的晚辈们要来看望李大爷和李大妈。李大爷说："中午就请他们到饭店吃饭吧！"李大妈却说："在家吃好，又便宜、又卫生，还显得亲切，我来露一手。不过，老头子，那个'宫保鸡丁'怎么做来着？"李大爷骄傲地说："最近儿子教会了我好多计算机知识，我上网给你查查。"

教你一手——在网上查询信息

1. 打开百度，在搜索框中输入关键字"宫保鸡丁"，单击"百度一下"按钮，如图3-4所示。

图3-4　关键字搜索

温馨 提示

我们还可以在智能下拉列表中单击更贴近搜索内容的短语，如"宫保鸡丁做法"，如图 3-4 所示，这样搜索出的结果更准确。

2. 在搜索结果中选择一个，如图 3-5 所示。

Baidu百度　　新闻　**网页**　贴吧　知道　音乐　图片　视频　地图　文库　更多»

宫保鸡丁的做法　　　　　　　　　　　　　　　　　　　　　　　百度一下

宫保鸡丁的做法　豆果网　　　　　　　　　　　　　　　十花汤

主料：鸡脯肉 黄瓜 熟花生
辅料：葱 花椒 糖 水淀粉 盐 料酒 生...
做法：1.鸡胸肉切丁，放生抽、盐、料酒码味，用水淀粉拌匀；2.黄瓜切丁、葱要切成小段，干辣椒剪去两头，去除辣椒籽；3.在小碗中调入酱油、...

其他优质结果：

宫保鸡丁的做法　贝太厨房
主料：鸡胸肉
辅料：鸡胸肉:300g 大葱:1根 去皮花生仁:200g 白砂糖:15g 酱油:30
鸡胸肉切成1.5cm见方的丁，大葱切小段，干辣椒剪段去籽。鸡丁加入...

宫保鸡丁的做法　美食天下
主料：鸡胸肉
辅料：大葱 油炸花生米 辣椒段 盐 生抽 老抽 香醋 糖 姜汁 蒜泥
1.原料图如图。2.鸡胸肉用刀背拍一下，切成大拇指甲大小的丁。3.用...

宫保鸡丁的做法　美食杰
主料：鸡胸脯肉
辅料：尖椒 花生（炒）红尖椒 食盐 料酒 酱油 香油 花椒 姜 葱
做法：1.鸡胸肉切1cm大小的丁，加入盐（1/2茶匙），料酒和干淀粉搅...

图 3-5　搜索结果列表

3. 单击选择的搜索结果，显示出宫保鸡丁的具体配料、做法等，如图 3-6 和图 3-7 所示。

4. 为了以后看起来方便，不用每次都到网上查看，可以把看到的内容保存起来。

选定要保存的内容。右键单击，在打开的快捷菜单上单击"复制"，如图 3-8所示。

5. 打开 Word 文档，选中网页中所需的内容，单击"粘贴"按钮，从网上复制的内容就粘贴到文档上了，如图 3-9 所示。

图 3-6 显示搜索结果（1）

宫保鸡丁的做法

① 鸡胸肉切成1.5cm见方的丁，大葱切小段，干辣椒剪段去籽。

② 鸡丁加入水淀粉30ml和酱油15ml腌制20分钟。

③ 用剩余的水淀粉、酱油、盐、白砂糖和料酒调成芡汁。

④ 锅中放油中火烧至3成热时放入花生，转小火炸至微微上色，捞出沥干。

⑤ 继续中火，将油烧至6成热时将腌好的鸡丁放入，迅速滑炒至散，过油约半分钟，待鸡肉呈熟色，再捞出沥干油分。

⑥ 锅中留底油，烧热后将花椒和干辣椒放入，用小火煸炸出香味，随后放入大葱段、姜末、蒜蓉和鸡丁翻炒，调入芡汁，待汤汁渐稠后放入花生仁拌炒数下即可。

美食背后的故事

传说宫保鸡丁是丁宝桢发明的，他的家厨用花生米、干辣椒和嫩鸡肉炒制鸡丁，肉嫩味美，很受客人欢迎。因他官至太子少保，此菜因而得此名。

小贴士

• 炸好的花生仁一定要在临出锅前再放入，以保持花生仁的香脆口感。

图 3-7 显示搜索结果（2）

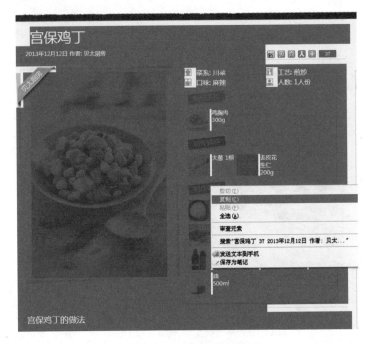

图 3-8 选择复制内容

图 3-9 粘贴到 Word 文档

温馨 提 示

Word 是微软公司的一个文字处理应用程序，用于对文字和图片进行编辑和排版。

6. 简单排版后，还可以打印出来，以便随时查看。单击按钮，在下拉菜单中选择"打印"，在下级菜单中再选择"快速打印"，如图 3-10 所示。

图 3-10　打印文档

温馨 提 示

打印之前请将打印机与计算机连接并安装好驱动程序，确认打印机已启动。

李大爷拿着打印在纸上的"宫保鸡丁做法"，指导李大妈操作，终于成功做好了宫保鸡丁，并受到大家一致好评，李大爷和李大妈心里美美的。

任务三　网络游戏

故事引入：玩玩游戏

李大爷和李大妈退休后，有很多空余时间不知道应该干点什么。听老朋友说网上有很多好玩又简单的游戏，既可以打发时间，又可以练手、练脑。于是李大爷赶紧让儿子教他怎么玩网上的游戏。

教你一手——网上游戏的玩法

一、游戏的下载和安装

儿子先教李大爷下载了一个老人们喜爱玩的"连连看"游戏。

1. 打开百度，在搜索框中输入"连连看 免费下载"，单击"百度一下"按钮，便呈现很多游戏下载的链接，单击其中一个下载链接的"立即下载"按钮，如图 3-11 所示。

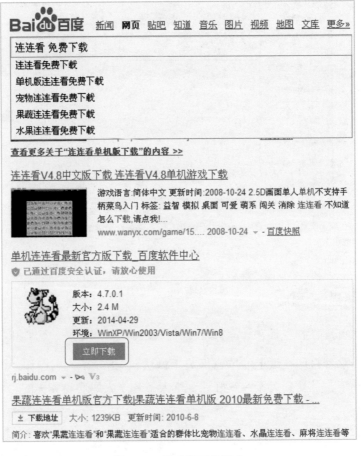

图 3-11　搜索并下载游戏

2. 在下载对话框选择要下载到的位置，这里选择"桌面"。单击"下载"按钮下载到指定位置，如图 3-12 所示。

图 3-12 保存要下载的游戏

温馨 提示

可以通过单击"浏览"按钮选择下载程序的保存位置，这里选择"桌面"。

3. 下载完成后在桌面上出现所下载程序的图标，如图 3-13 所示。

图 3-13 下载到桌面的安装程序图标

4. 双击图 3-13 所示图标开始安装这个游戏，如图 3-14 所示。安装游戏时只要按安装提示操作就可以了。

图 3-14 游戏安装

5. 安装成功后在桌面自动出现游戏"连连看"的快捷方式图标，如图 3-15 所示。

6. 双击如图 3-15 所示"连连看"图标，进入游戏界面，如图 3-16 所示。

图 3-15 "连连看"快捷方式图标

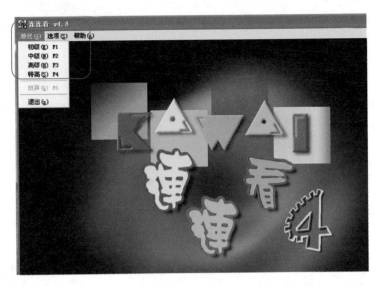

图3-16　打开游戏

温馨 提示

可以先从初级水平玩起，这样比较容易上手。另外，单击"帮助"可查看游戏说明，如图3-16所示。

7. 选择了"初级"，进入游戏界面，就可以开始玩游戏了，如图3-17所示。

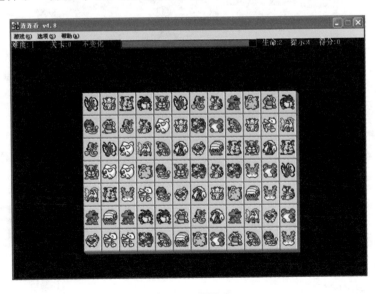

图3-17　玩游戏

二、在线游戏

李大爷喜欢下象棋，可是不好意思总拉着老伙计玩，于是儿子又教给李大爷怎么玩在线游戏。

1. 通过百度搜索一下要玩的在线游戏，如图 3-18 所示。

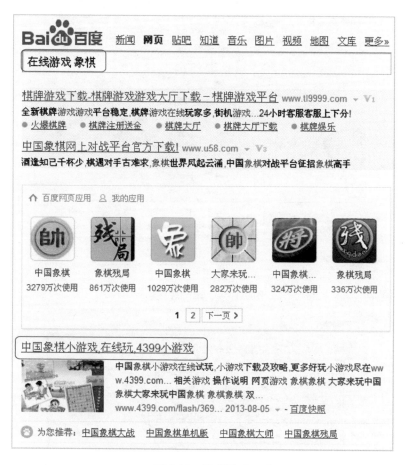

图 3-18　搜索游戏

2. 找到合适的游戏，看看它的"操作指南"，学会游戏玩法，如图 3-19 所示。

3. 了解了游戏的玩法，单击如图 3-19 所示"单人游戏"或"双人游戏"，等到进入游戏界面，就可以玩了，如图 3-20 所示。

李大爷自从下载了"连连看"游戏，和老伴玩得不亦乐乎，没几天的时间就闯过好几关了，每闯过一关都很有成就感。李大爷还经常和网友在线下象棋，再也不用打扰他人了。李大爷觉得生活充实多了，而且还锻炼了手和脑。

图 3-19　了解游戏玩法

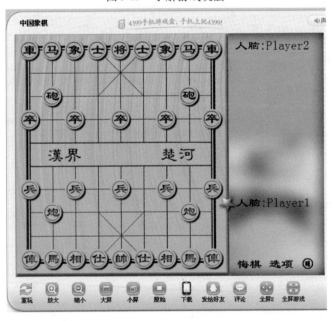

图 3-20　玩在线游戏

任务四　下载歌曲

故事引入：唱唱老歌

社区要举办新年联欢会，李大爷要露一手，想为大家献上一首《莫斯科郊外的晚上》，这可是他年轻时最擅长的一首歌。可多年没唱了，曲调和歌词都有些拿不准了。于是他叫儿子教他如何从网上下载这首歌曲，然后跟着练习。

教你一手——下载歌曲

以百度音乐下载为例：

1. 打开百度，单击"音乐"选项。输入你要找的歌曲名称，单击"百度一下"按钮，如图 3-21 所示。

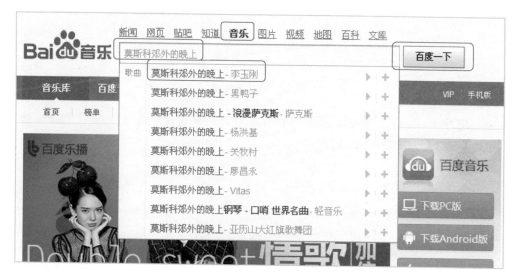

图 3-21　音乐搜索

温馨 提 示

也可以在搜索列表中选择并单击自己想要的歌曲版本。

2. 单击"播放"按钮可以试听歌曲，同时还能对照歌词试唱，如图 3-22所示。

图 3-22　试听歌曲

3. 单击"下载"按钮，确定好保存位置，再单击保存界面中的"下载"按钮，开始下载，如图 3-23 所示。

图 3-23　下载并保存歌曲

4. 下载完毕后，在桌面上可以看到歌曲的图标，如图 3-24 所示，双击即可播放。

李大爷按照下载的歌曲练了一段时间，在社区新年联欢会上信心满满地为大家献上了这首《莫斯科郊外的晚上》，赢得了大家热烈的掌声。

图 3-24　保存成功的
歌曲图标

任务五　保存网上图片

故事引入：保存网上喜欢的图片

李大爷是社区的宣传员，社区将在秋季组织社区居民去香山赏红叶。李大爷要出一份宣传海报展示在社区宣传橱窗里。为了让海报图文并茂，他想找几张香山红叶的图片。这次，他又叫来儿子帮忙。

教你一手——下载图片

以百度图片下载为例：

1. 打开百度，单击"图片"选项，如图 3-25 所示。

图 3-25　百度图片

2. 在文本框中输入要找的图片类别，如"香山红叶图片"，单击"百度一下"按钮，即可看到很多相应的图片，如图 3-26 所示。

3. 移动鼠标到要下载保存的图片，单击右键，在弹出的快捷菜单中单击"图片另存为"命令，如图 3-27 所示。

图 3-26　图片搜索

图 3-27　保存图片（1）

4. 在"保存图片"对话框中，选择保存位置，输入文件名，单击"保存"按钮即可，如图 3-28 所示。

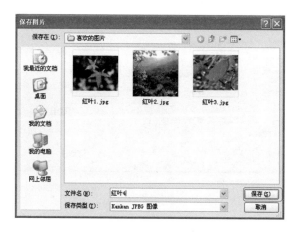

图 3-28　保存图片（2）

温馨 提示

保存图片前可以先建立一个文件夹，然后把下载的所有图片都保存在这个文件夹中，这样便于管理和查看。

5. 把下载的图片放到文章中：打开文字处理软件 Word，输入文字并排版。单击"插入"→"图片"，打开"插入图片"对话框，选择需要的图片，如图 3-29 所示。

图 3-29　选择图片并插入到文章中

6. 单击"插入"按钮,将图片放到文章中,适当调整图片的位置和大小,达到图文混排的效果,如图 3-30 所示。

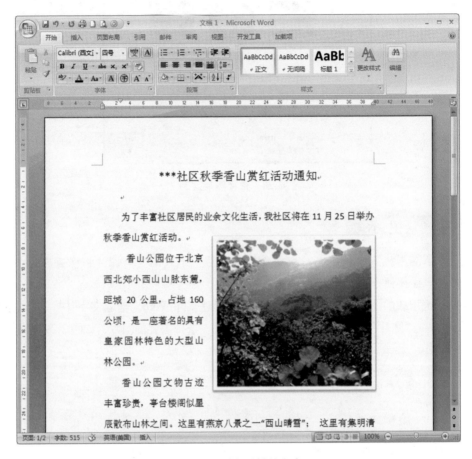

图 3-30　图文混排的文章

7. 用彩色打印机打印出来就是一份很漂亮的宣传海报。

李大爷设计的宣传海报贴在社区的宣传橱窗里,显得格外漂亮,大家纷纷夸赞图片好看,并表示一定要去香山看看真景,李大爷心里别提多高兴了。

本单元小结

本单元通过实例讲解利用网络来解决生活中的各种实际问题,如在线学习、信息查询、网络游戏、下载歌曲、保存网上图片等。通过学习从而转变思维方式与生活方式,并体会网络给人们带来的生活便利,享受网络带来方便和丰富信息时的快乐。

思考与练习

1. 李大爷越来越爱使用计算机了，于是他想系统地学习一些计算机的基础知识，他应该怎样去找计算机基础知识的视频课程呢？

2. 李大爷想自己试着从网上下载几个小游戏，还有自己喜欢的歌曲和图片，他又该如何操作呢？

第四单元　网络中的交流

● **知识目标：**

　　了解常用的网络交流软件常识，能够描述解决不同网络交流问题时选择什么工具软件，如何操作。

● **能力目标：**

　　掌握 QQ、微博、微信、电子邮箱等网络交流软件的基本应用技巧，从而提高学习者利用科技产品进行交流沟通的能力。

● **情感目标：**

　　通过实例讲解利用网络来解决生活中的种种实际问题，从而转变思维方式与生活方式，并体会网络给人们带来的生活便利，享受网络带来丰富信息的快乐。

● **本单元重点：**

　　1. QQ 软件的下载、安装以及信息的发送和群的加入。

　　2. 微信好友的查找、添加以及发送各种媒体信息的方法。

　　3. 电子邮箱的申请及邮件收发。

● **本单元难点：**

　　1. QQ 注册及添加朋友和加入群的方法。

　　2. 微信中好友查找的方法及文本、语音、视频聊天的操作。

　　3. 收发含有附件的电子邮件。

任务一　QQ 聊天

故事引入：李大爷的 QQ 群

李大爷参加了一个社区计算机培训班。为了方便和大家交流，培训班老师为大家建立了一个班级学习群。老师还耐心地教给大家怎样注册 QQ、添加朋友、加入 QQ 群，以及怎样在 QQ 上和大家聊天。

教你一手——QQ 聊天

QQ 是腾讯公司推出的即时通信工具，支持在线聊天、视频电话、共享文件、QQ 邮箱等多种功能。它是一个免费的通信平台，能够为我们带来更多沟通乐趣。

一、QQ 的下载与安装

1. 通过百度搜索找到 QQ 下载地址，单击"立即下载"按钮将 QQ 程序下载到计算机上，如图 4-1 所示。

图 4-1　搜索 QQ 程序并下载

2. 如果将 QQ 程序下载到计算机的桌面上，则在桌面显示 QQ 程序安装程序图标，如图 4-2 所示。

3. 双击如图 4-2 所示 QQ 程序安装程序图标，安装 QQ，安装完成后在桌面显示 QQ 程序的快捷方式图标，如图 4-3 所示。双击即可启动 QQ，如图 4-4 所示。

图 4-2　QQ 安装程序图标

图 4-3 安装成功后 QQ 程序的快捷图标   图 4-4 启动 QQ

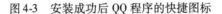

启动 QQ 时一定要在已联网状态下。

二、QQ 注册

1. 单击如图 4-4 所示的"注册账号"按钮,打开"QQ 注册"窗口,输入个人信息,如图 4-5 所示。

图 4-5 注册

2. 注册成功后系统会自动分配给用户一个 QQ 号,如图 4-6 所示。

图 4-6　获得 QQ 号

温馨 提示

一定要记住自己的 QQ 号和密码，不然就无法使用 QQ 了。

三、QQ 的登录与退出

1. 双击桌面 图标，打开 QQ 登录界面，输入自己的 QQ 号和密码，单击 "登录" 按钮即可登录，如图 4-7 所示。

2. 登录成功后打开 QQ 主面板，如图 4-8 所示。

图 4-7　登录 QQ

图 4-8　QQ 主面板

3. 退出 QQ：单击 QQ 主面板"关闭"按钮，在"关闭提示"提示框中，选择"退出程序"，单击"确定"按钮即可完成退出操作，如图 4-9 所示。

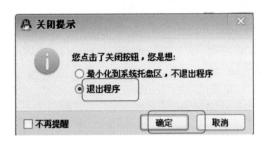

图 4-9　QQ 退出

四、添加好友和群

（一）添加好友

1. 单击如图 4-8 所示 QQ 主面板上"查找"按钮，打开"查找"对话框，选择"找人"选项，输入朋友的 QQ 号，单击"查找"按钮，如图 4-10 所示。

图 4-10　查找好友

2. 找到朋友的 QQ 信息，如图 4-11 所示。

图 4-11　找到好友

3. 单击如图 4-11 所示 按钮，打开"添加好友"窗口，输入验证信息，以便对方知道你是谁，如图 4-12 所示，单击"下一步"按钮。

4. 单击"下一步"按钮后，会显示你的验证信息已经发送给对方，要等对方确认后，你们才能成为 QQ 好友，如图 4-13 所示，单击"完成"按钮即可。

图 4-12　填写验证信息

图 4-13　发送添加好友请求

（二）加入群

1. 单击如图 4-8 所示 QQ 主面板"查找"按钮，打开"查找"对话框，单击"找群"选项，输入要加入的 QQ 群号，单击"查找"按钮，找到群的 QQ 信息，如图 4-14 所示。

图 4-14　输入群号

2. 单击 ➕加群 按钮，打开"添加群"窗口，输入验证信息，以便对方知道你的身份，如图 4-15 所示。

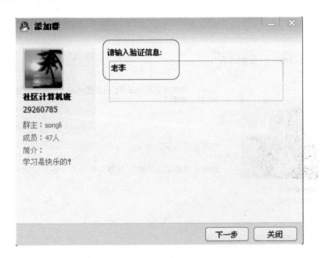

图 4-15　填写验证信息

3. 单击"下一步"按钮后，会显示你的验证信息已经发送给群主或管理员，等群主或管理员确认后，你才能成为这个群的一员，如图 4-16 所示，单击"完成"按钮即可。

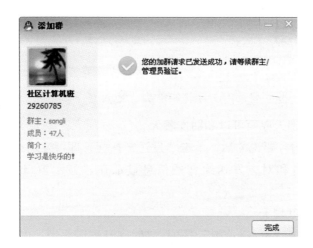

图 4-16 发送加群请求

五、QQ 聊天

（一）和朋友聊天

1. 单击主面板"联系人"选项，在"我的好友"分组中双击朋友的头像，如图 4-17 所示。

图 4-17 找朋友聊天

温馨 提示

如果朋友头像处显示 [离线请留言]，说明对方现在没有登录 QQ，但你照样可以给他发送信息，当他登录 QQ 后就能看到你的留言了。

2. 在打开的聊天界面可以和朋友聊天。

在输入窗口输入要说的话，单击"发送"按钮，即可发送给对方。

发送后的信息和对方发送给你的信息显示在"显示窗口"中，如图 4-18 所示。

（二）QQ 群里聊天

1. 单击主面板"群/讨论组"选项，双击 QQ 群的头像，如图 4-19 所示。

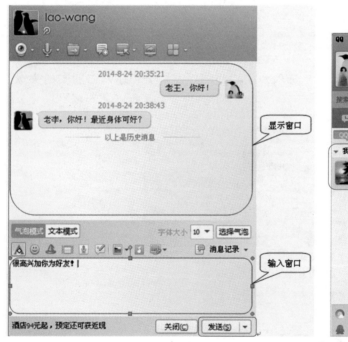

图 4-18　发送信息　　　　　　　图 4-19　选择并打开群

2. 在打开的聊天界面中可以和群里的朋友聊天，如图 4-20 所示。

李大爷自从有了自己的 QQ 后，在 QQ 上交了很多朋友。还加入好几个 QQ 群，时常和志同道合的朋友们交流，学到了很多知识，了解了很多新鲜事儿。他还自己摸索出 QQ 的很多功能，感觉 QQ 真的是太实用、太方便了，现在每天不上一会儿 QQ 就觉得缺少点儿什么似的。

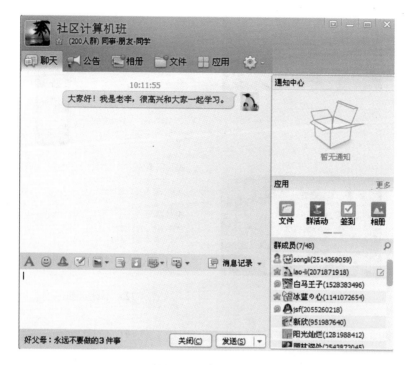

图 4-20 参与群聊

任务二 微信沟通

故事引入：和远方的亲人聊聊天

李大爷有个妹妹远在美国，兄妹俩的关系非常好。他常常和妹妹打越洋电话，及时了解她的情况，电话费花了不少。最近，李大爷听说大家都在用微信，只要手机能够上网，就能够实时联系，可以发照片、发语音，还非常省钱，特别好用。于是李大爷就叫儿子教自己如何使用微信。

教你一手——微信使用

李大爷使用的是三星手机，采用的是安卓系统，以下就以李大爷的手机为例讲解微信的使用方法。

1. 微信的下载

通过李大爷手机自带的浏览器，在浏览器地址栏中输入微信的下载地址：http：//weixin. qq. com，如图 4-21 所示，进入了微信下载界面，如图 4-22 所示。

图 4-21　下载网址

图 4-22　下载页面

单击图 4-22 中的"免费下载"按钮，开始下载微信应用。等待下载完成后，在手机中安装该应用，如图 4-23 所示。

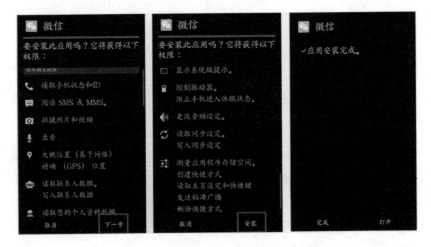

图 4-23　微信安装

按照安装向导提示，将微信软件安装到手机中。

温馨 提 示

微信安装成功后，手机里会显示出微信的图标，表示可以开始使用微信了。

2. 微信注册

接着儿子又帮助李大爷注册了账号。打开微信应用图标，显示图 4-24 所示界面。

儿子告诉李大爷，界面中的"登录"按钮是用来登录微信的，当用户已经有微信账户号后，可直接选择该登录操作，就是说等帮李大爷完成注册后，李大爷以后就只须进行登录操作即可。而"注册"按钮只用来完成新用户的注册，如图 4-25 所示。在儿子的帮助下，李大爷按照微信的提示逐步完成了注册，他发现微信的互动界面做得非常简洁清楚，按照界面提示，很容易就完成了这些操作。

图 4-24　微信登录首界面　　　　图 4-25　微信注册界面

3. 登录与退出微信

（1）微信的登录

注册完成之后，直接登录到微信界面。如果平时要登入微信，需要如何操作呢？儿子为李大爷做了讲解，当微信处于登出（即完全退出）状态时，单击微信图标，会进入登录界面，如图 4-26 所示。输入密码后，就可以完成登录了，如图 4-27 所示。

（2）微信的退出

首先单击图 4-27 中右下角位置处的图标，进入如图 4-28 所示界面。

网络改变生活

单击图 4-28 界面中矩形框所框的"设置"菜单项，出现如图 4-29 所示界面，选择最下面的"退出"菜单，会出现图 4-30 提示界面。

图 4-26　微信登录界面

图 4-27　微信主界面

图 4-28　微信设置界面

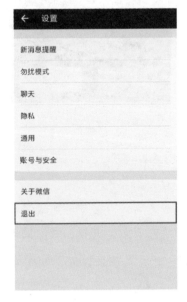

图 4-29　微信退出界面

图 4-30 提示界面中的两个选项"退出当前账号"和"关闭微信"都可以用

来完成微信的退出，两者的区别在于，前者用来退出当前的微信账号，并换用其他微信账号登录；后者的作用是暂时关闭微信界面，并不退出微信应用，如图4-31所示，当有朋友发送消息时，仍可以显示在手机通知栏中。

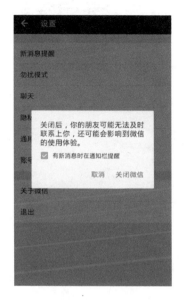

图4-30 微信退出　　　　　　　图4-31 退出当前账号

4. 添加好友

看到微信的基本操作如此简单，李大爷等不及要给妹妹发信息了。到这时，李大爷才发现还不知道如何添加妹妹为好友呢，于是赶快向儿子求教。儿子说："老爸，有几种方法可以帮您完成添加哦"。

（1）搜索添加朋友

"这种方法适用于你们见不到面，但是知道对方微信号的情况。"儿子说道。

单击图4-32界面右上角的➕图标，在下拉菜单中选择 👤➕ 添加朋友 选项，将进入添加朋友界面，如图4-33所示。

在如图4-33所示位置，按照提示要求输入对方的微信号、QQ号或手机号，之后单击🔍按钮，找到朋友之后，在图4-34所示的界面中单击"添加至通讯录"按钮，进入验证界面，如图4-35所示。填写验证消息后，单击界面右上角的 发送 按钮即可，之后等待对方验证通过就完成了朋友的添加。

（2）扫一扫添加朋友

"第二种方法是利用扫一扫的方式来添加朋友，这种方法用起来非常简单，适用于两个人面对面时朋友的添加。"儿子继续给老爷子介绍着。

图 4-32 添加朋友

图 4-33 添加朋友界面

图 4-34 添加查找到的朋友

图 4-35 发送验证信息

　　每个微信用户都拥有一个二维码，其他人看到之后使用微信的扫描二维码功能扫描后就能添加对方为好友。单击微信主界面下方的 按钮，选择该界面中"扫一扫"功能，就可以去扫一扫朋友的二维码，以完成添加微信好友的操作，如图 4-36 所示。

图 4-36　扫一扫添加朋友

（3）查看附近的人

"除此之外，用查看附近的人的方式，也可以添加朋友。"儿子接着说。

微信会根据用户的地理位置，在一定范围内查找到同在附近并开启该项功能的人。

单击微信主界面的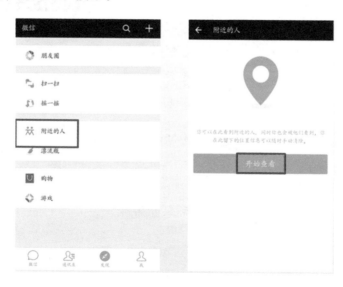按钮，选择该界面中的"附近的人"，再单击"开始查找"即可，如图 4-37 所示。

图 4-37　查看附近的人

系统自动搜索到一些附近的人，你可以有选择地跟他们打招呼，邀请其成为朋友。如图4-38所示。

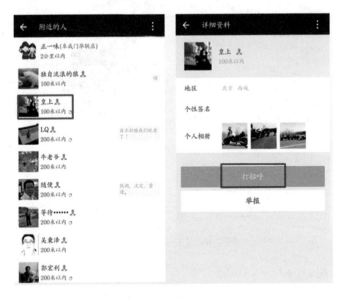

图4-38　和附近的人打招呼

温馨 提示

添加朋友结束后，只需要单击各个界面中左上角的返回←按钮，就可以回到上一级界面中，并最终返回到主界面中了。

"要说明的是，一旦您的朋友们发现您已经开通了微信，可能会主动加您为好友，这是在微信主界面下方通讯录按钮右上角，就会显示红色数字，表明有新的添加确认信息。当然，如果有新的对话，微信主界面下方的微信按钮右上角，也会有红色数字提示。您只需要点击打开就可以看到并处理了。"儿子继续说道。

当双方均确认了好友关系后，就可以开始聊天了，如图4-39所示。

5. 发起聊天

"老爸，您现在就可以开始和姑姑聊天了。

图4-39　对方确认添加验证

以后需要和谁聊天，可以在主界面（见图4-27）下面的通讯录里查找，选中好友对象就可以开始聊天了。"儿子说道。

"太好了。这样我就可以及时和你姑姑联系了。不过，儿子啊，我眼有些花了，这输入文字可真有点困难啊。"

"老爸，微信除了可以利用输入文字的方式留言外，还支持语音留言、实时通话以及视频聊天呢。我给您演示一下吧。"

（1）文字留言

在如图4-40所示下面的留言框中输入文本即可，单击文本右边的 发送 按钮，就可以完成文本的发送了，如图4-41所示。

（2）语音留言

单击如图4-41所示文本框左边的))) 按钮，就可以进入留言模式，如图4-42所示。

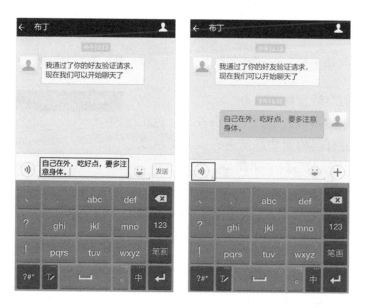

图4-40　开始对话　　　　图4-41　发送文字信息

按住如图4-42所示下面的 按住 说话 按钮，说出想说的话，然后松开手，就可以完成语音留言，如图4-43所示，并显示留言时长。

"不论是您的语音，还是对方的语音，通过单击该段语音，都可以听到。"儿子说。

恰好此时妹妹有了回信。李大爷看到的界面显示，如图4-44所示。其中有红点显示的表示是新接收到的、没有听过的语音段，一旦听过，这个红点就会消失。

图4-42　发送语音信息

图4-43　语音信息显示

（3）实时对话及视频聊天

看到妹妹的回信，李大爷兴奋极了，连忙要求儿子告诉自己如何和妹妹进行实时对话及视频聊天。儿子回答道："很简单，您单击右下角所示的加号➕按钮，这两个功能就都呈现了（见图4-45），只要选中对应的操作，等待对方应答就可以了。"

实时对讲机功能的界面如图4-46所示，只要等待对方也发起该功能就可以开始实时对话了，和打电话一样方便。若需终止对话，单击如图4-46所示界面左上角的关闭图标⏻，在出现如图4-47所示的界面中单击"确定"按钮即可终止。

视频聊天功能的界面如图4-48所示。视频聊天结束后，单击取消即可。

图4-44　收到语音信息

图 4-45　实时对话及视频聊天

图 4-46　实时对讲界面

图 4-47　退出实时对讲

图 4-48　等待视频聊天界面

李大爷选择了视频聊天功能，在得到妹妹回应后两个人开始兴奋地聊起天来。

温馨 提 示

李大爷用的是三星手机，采用的是安卓系统。对于苹果手机使用者来说，其微信应用与安卓系统的微信应用差别已经越来越小了，不仅微信的下载地址相同，安装模式近似，而且在使用时也只有细微的差别，这里不再细述。

自从李大爷的手机安装了微信，感觉和大家交流方便多了，尤其是语音聊天，和打电话差不多，还省钱，李大爷再也不用担心和妹妹聊天太费钱了。

任务三　　电子邮箱的使用

故事引入：好照片发给好朋友

李大爷很喜欢摄影，在和老朋友们聚会时照了好多照片，老朋友们让他回家后把照片通过电子邮箱发给他们。可李大爷还不会使用电子邮箱，因此，他赶紧把儿子叫来教他怎么使用电子邮箱。

教你一手——使用电子邮箱

在很多网站都可以申请免费的电子邮箱，如新浪、搜狐、网易……，功能和使用方法都差不多。那么就申请一个新浪的免费邮箱吧。

1. 登录新浪网 http：//www. sina. com. cn，如图 4-49 所示。

图 4-49　登录新浪网

2. 单击如图 4-49 所示，"邮箱"选项下面的"免费邮箱"，打开新浪邮箱界面，如图 3-50 所示。

图 4-50 邮箱登录界面

3. 要使用邮箱要先进行注册，单击如图 4-50 所示"立即注册"按钮，进入注册界面，如图 4-51 所示，按要求填入信息，然后单击"立即注册"。

图 4-51 注册邮箱

温馨 提示

一定要记住邮箱地址和密码，以便再次登录时使用。

3. 登录自己的邮箱：在新浪邮箱界面输入邮箱地址和密码，如图 4-52 所示。

图 4-52　登录邮箱

4. 单击"登录"进入自己的邮箱，如图 4-53 所示。

图 4-53　打开自己的邮箱

5. 发送邮件：单击"写信"，填写"收件人"邮箱地址和"主题"内容，还可以写上一些跟对方说的话，如图 4-54 所示。

6. 添加附件：把要发送的照片以附件的形式添加到邮件中。单击"添加附件"中的"普通附件"，如图 4-55 所示。

7. 在文件夹窗口选择要发送的文件，如图 4-56 所示。

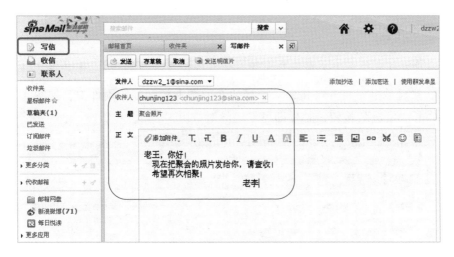

图 4-54　填写邮件内容

图 4-55　添加附件

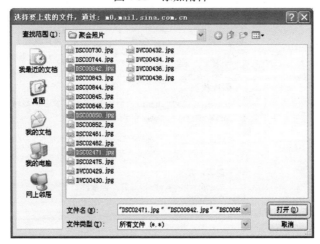

图 4-56　选择附件

温馨 提示

一次可以选择多个文件，先选择一个，再按着〈Ctrl〉键选择其他文件。

8. 然后单击"打开"按钮。选择的文件被上传到邮箱附件中，如图4-57所示。单击"发送"按钮，邮件即可发送给对方。

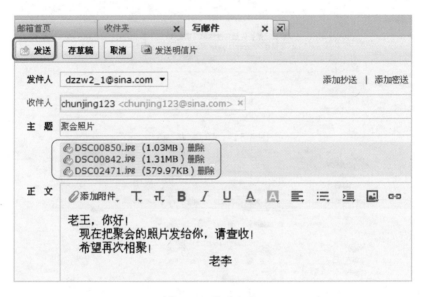

图 4-57　发送邮件

9. 收信：过了几天李大爷打开自己的邮箱，在"收信"中看到了老王的回信，心里很高兴，如图4-58所示。

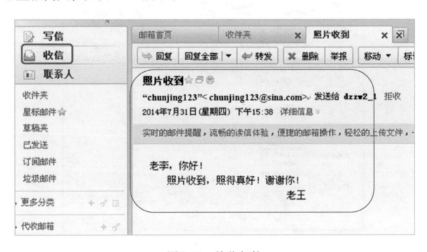

图 4-58　接收邮件

温馨 提 示

其实通过电子邮箱不仅可以发送照片，还可以发送其他格式的文件。

通过使用电子邮箱，李大爷经常和老伙伴们互相发送各自得意的照片和好文章，有时还发送好玩的游戏软件和好听的歌曲等，大家共享资源，共同欣赏，开阔了眼界，丰富了生活。

任务四　微博的使用

故事引入：展现自我

李大爷和李大妈退休后有很多空余时间，有时他们出去玩或逛超市，偶尔和老朋友聚会一下，但感觉生活还是不够充实。总给亲戚朋友打电话，又怕影响人家。他们很苦恼，有话找谁去说说呢？儿子知道后，立即跟他们说，我来给你们找个说话和展示的地方。

教你一手——微博使用

微博是现在非常流行的一种开放互联网社交服务。微博具有简单的传播方式，通过用户间单向的"跟随""被跟随"的关系，实现信息的快速传播；微博还具有快捷的操作模式，可以通过计算机或手机即时发布140字之内的短小信息或图片信息，随时展现自我。

1. 要想使用微博，首先要进行注册。（以新浪微博为例）

1）在浏览器地址栏中输入 http：// weibo. com，进入新浪微博首页，单击"立即注册"按钮，如图4-59所示。

图4-59　注册新浪微博

2）进入注册页面后，有"用邮箱注册"和"用手机注册"两种注册方式，下面以"用手机注册"方式说明新浪微博的注册方法。

选择"用手机注册"，打开如图 4-60 所示对话框，按要求填写信息。

填好信息后，单击 免费获取短信激活码 ，获取激活码，把激活码输入 免费获取短信激活码 右边的文本框。

图 4-60　填写注册信息

温馨提示

激活码会马上以短信方式发到你的手机里，快看短信吧。

3）单击如图 4-60 所示"立即注册"按钮，完成微博注册。

温馨提示

一定要记住你设置的密码，下次登录微博时要用的。

2. 登录和退出微博

每次使用微博一定要登录，登录的账号和密码就是注册时设置的相关信息，微博使用后要记得退出。

（1）登录自己的微博

进入新浪微博登录界面，如图 4-61 所示。在图中所示位置，输入注册微博时所填写的手机号和密码，点击"登录"按钮即可登录自己的微博。

图 4-61　登录微博

（2）进入微博

进入自己的微博首页，如图 4-62 所示。

图 4-62　个人微博首页

81

（3）退出微博

如果想退出微博，只要单击首页菜单命令  选择"退出"即可，如图 4-63 所示。

3. 上传头像

一个有特色的头像会让人赏心悦目，也是展示个人微博形象的重要元素。

1）在微博首页中，单击菜单命令" ⚙ →账号设置"，打开"账号设置"对话框，单击左侧的"头像"命令，出现"头像"界面单击"本地照片"按钮，在计算机中选择要上传的头像图片文件，如图 4-64 所示。

2）单击"保存"按钮，保存设置方案。微博的头像设置完毕，并显示在个人微博界面中，如图 4-65 所示。

图 4-63　退出微博

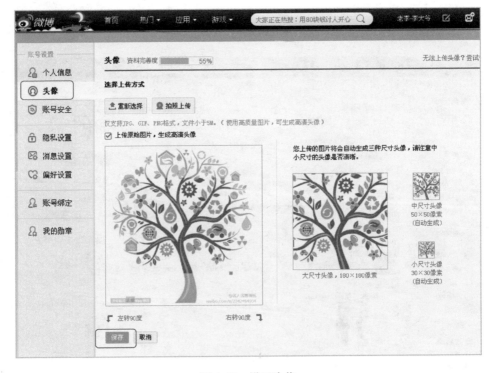

图 4-64　设置头像

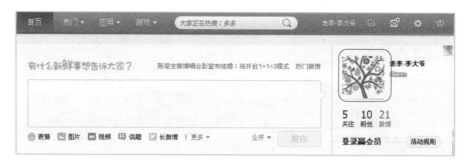

图 4-65　头像设置成功

4. 发布微博

发布微博是微博的基本功能之一。可以发布 140 字以内的微博信息，微博的内容一般用来记录博主的心情和经历过的事情，通常只有简短的几句话。微博中同时可以插入表情、图片、视频等信息，以增强微博信息的多样性。

1）发布微博。

登录个人微博首页，在发布框中输入要发表的文字信息，如图 4-66 所示，单击"发布"按钮，则可发布一条微博。

图 4-66　发布微博

2）发布图文微博。

除了在微博中发布文字信息外，还可以配上图片信息，使微博信息更充实，更具有可读性。

在发布框输入文字信息，再单击文本框下方的"图片"链接，单击"图片上传"框中"添加图片/多图"，显示"打开"对话框，选择要添加的图片，单击"打开"按钮即可上传图片，如图 4-67 所示。

图 4-67　发布图文微博

3）单击"发布"按钮即可发布以上含有图片的微博信息，如图 4-68 所示。

图 4-68　发布图文微博成功

温馨 提示

浏览图片时，单击图片位置可放大显示图片，再单击则缩小。

5. 查找并添加关注对象

关注是一种单向的、无需对方确认的"围观"，只要对对方感兴趣，就可以随意关注他的微博，从而随时了解他的动态。

1）若知道对方微博的昵称，也可通过搜索找到并关注他。

例如，要关注"平安北京"的微博，在导航条搜索框输入"平安北京"，单击搜索框右边的"放大镜"即可，如图4-69所示。

图4-69　查找关注对象

系统自动搜索到"平安北京"这个微博用户，如图4-70所示。单击用户右边"加关注"按钮，则完成对他的关注。

图4-70　加关注

2）还可以对与自己志趣相投的微博加以关注，如果不知道对方的昵称，可在微博页面最下面"找找感兴趣的人"处寻找，如图4-71所示。

图 4-71 查找感兴趣的人（1）

如单击"名人堂"。在这里可以找到各类名人的微博，如图 4-72 所示。找到合适的微博用户，便可对其进行关注。

图 4-72 查找感兴趣的人（2）

温馨 提 示

你关注他人，你就是他人的粉丝；如果别人关注了你，那他就是你的粉丝了。

在微博首页右边可以看到你关注了几个人，你的粉丝有几个，以及你发布了几条微博，如图 4-73 所示。

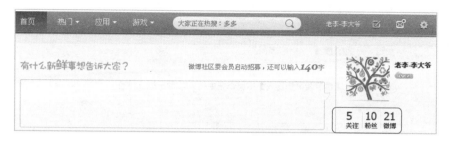

图 4-73　关注、粉丝和微博发布数量

6. 转发微博

转发是指对其他人微博信息进行转发。如果看到一条微博不错，值得扩散，可以将其转发。

1）如看到下面这条微博信息，要将其转发，便可单击"转发（57）"按钮，如图 4-74 所示。

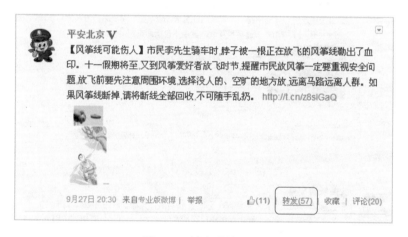

图 4-74　转发微博（1）

2）在打开的"转发微博"对话框中，可以附带一些文字信息（也可不写）；再单击"转发"按钮，如图 4-75 所示。将这条微博信息转发到自己的微博界面，关注你的人便都可以看到。

7. 发表评论

评论功能保证了信息的双向交流，一条微博发布后，可以通过评论留言，判断他人的态度和观点。

1）可以直接在对方信息下评论，单击"评论（243）"按钮，如图 4-76 所示。

2）在评论文本框中填写一些评论文字，单击"评论"按钮，发表评论，如图 4-77 所示。

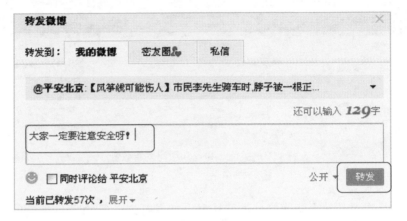

图 4-75　转发微博（2）

图 4-76　发表评论（1）

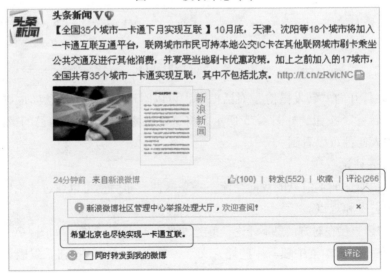

图 4-77　发表评论（2）

温馨 **提示**

单击如图4-76所示"评论（243）"按钮可展开或收起评论。

李大爷开通了微博后，了解了很多新鲜事儿，他还经常把自己想说的话、自己拍摄的照片发到微博上，赢得了很多赞扬和评论，粉丝量也在不断增加。这使他结交了很多可以聊天的新朋友，李大爷感到很有成就感。

本单元 **小结**

本单元主要介绍QQ、微信、电子邮件、微博的基本应用。面对信息技术突飞猛进的发展，利用手机、计算机等现代工具来进行人与人之间的信息交流已经成为一种趋势，因此本单元讲解了常用的网络交流工具的基本应用方法，从而提高大家利用科技产品进行交流沟通的能力。

思考与 **练习**

1. 李大爷和老朋友们利用电子邮箱互相发送了很多各自的摄影作品、关于养生保健的各种文章和网上下载的老歌等，请尝试进行相应操作。

2. 李大爷有了微博后，又开始研究微博的其他功能，如怎么发布不同排列格式的图片、怎么删除自己的微博、怎么和朋友私聊等。

3. 与志同道合的朋友们建一个QQ群，除聊天外，试着上传下载一些文件。

4. 在微信中有好几种添加朋友的方法，分别试一试。常和微信中的朋友们进行文字、语音及视频联系。

第五单元　使用网络的安全提示

● 知识目标：

了解什么是计算机病毒、木马和黑客，知晓网络购物中的常用知识，以及网络使用过程中应注意的安全问题。

● 能力目标：

能够分辨各类网站标志，提高辨别虚假网站以及消费陷井的能力，实现网络环境下手机的安全使用。

● 情感目标：

通过学习使学习者认识到网络在给人们带来生活便利的同时，也存在一定的风险。要注意减少网络使用不当给人们带来的不便及伤害，增强网络安全意识，提高使用互联网的信心。

● 本单元重点：

1. 网络购物支付环节的相关知识。
2. 分辨各类网站标志。

● 本单元难点：

1. 网络购物的安全支付。
2. 手机软件的下载及安装。

网络是一个工具，它在让我们享受实用、方便、快乐的同时，也给我们造成了很多负面的影响。因此，我们在接触网络时，要多了解一些网络知识，以便更好地使用网络，也让网络更好地为我们服务。

任务一　网络购物的安全提示

故事引入：这些词是什么意思？

李大爷自从体会到了网络购物的方便快捷后，现在经常在网上购物，节省了不少开支和时间。但在网络购物的过程中，李大爷遇到了很多新名词和新问题，他又向儿子咨询起来。

教你一手——网络购物中的常用知识

1. 什么是第三方电子商务交易平台？

答：第三方电子商务交易平台，也可以称为第三方电子商务企业，泛指独立于产品或服务之外的提供者和需求者，通过网络服务平台，按照特定的交易与服务规范为买卖双方提供服务，服务内容可以包括但不限于"供求信息发布与搜索、交易的确立、支付、物流"。

2. 什么是支付宝？支付宝具有哪些功能和特点？

图 5-1　支付宝

答：支付宝（见图5-1）是支付宝（中国）网络技术有限公司的产品，用于帮助完成网络支付。据支付宝（中国）网络技术有限公司介绍，它是国内领先的独立第三方支付平台，是阿里巴巴集团的关联公司。支付宝致力于为中国电子商务提供"简单、安全、快速"的在线支付解决方案。支付宝最初作为淘宝网公司为了解决网络交易安全所设的一个功能，首先使用"第三方担保交易模式"，由买家将货款打到支付宝账户，再由支付宝向卖家通知发货，买家收到商品确认收货后，指令支付宝将货款给予卖家，至此完成一笔网络交易。

支付宝公司从 2004 年建立开始，始终以"信任"作为产品和服务的核心。不仅从产品上确保用户在线支付的安全，同时让用户通过支付宝在网络间建立起相互的信任，为建立纯净的互联网环境迈出了非常有意义的一步。支付宝提出的建立信任的模式，化繁为简，以技术的创新带动信用体系完善的理念，深得人心，为电子商务各个领域的用户创造了丰富的价值，也使其成长为全球领先的第三方支付公司之一。

3. 什么是合并支付？

答：为了提高支付过程的用户体验，选择"等待买家付款"类型的交易，将其进行合并，只用一次支付过程就可实现多笔交易的支付，提高了支付操作的效率和易用性。

4. 什么是快捷支付（含卡通）？

答：快捷支付（含卡通）是支付宝联合各大银行推出的全新的支付方式。只要您有银行卡，就可以在支付宝付款。付款时无须登录网上银行，凭支付宝支付密码和手机验证码即可完成付款。快捷支付（含卡通）类型有：储蓄卡快捷支付、信用卡快捷支付和原先的支付宝卡通。

需要注意的是，储蓄卡快捷支付和信用卡快捷支付可以直接对交易进行付款，但不支持代付、不能充值、不能还信用卡。支付宝卡通可以给支付宝账户充值，支持代付和还信用卡。

5. 什么是余额宝？

答：余额宝（见图5-2）是支付宝推出的余额增值服务，把钱转入余额宝中就可获得一定的收益，实际上是购买了一款由天弘基金提供的名为余额宝的货币基金。余额宝支持支付宝账户余额支付、储蓄卡快捷支付（含卡通）的资金转入。

图 5-2　余额宝

通过余额宝，用户不仅能够得到收益，还能随时用于消费支付和转出，像使用支付宝余额一样方便。用户在支付宝网站内就可以直接购买基金等理财产品，同时余额宝内的资金还能随时用于网上购物、支付宝转账等支付功能。转入余额宝的资金在第二个工作日由基金公司进行份额确认，对已确认的份额会开始计算收益。其实质是货币基金，所以仍存在一定风险。

6. 移动数字证书（U盾、K宝等）是怎么回事？

答：移动数字证书，工行叫U盾，农行叫K宝，建行叫网银盾，光大银行叫阳光网盾，在支付宝中叫支付盾（见图5-3）。它存放着您个人的数字证书，并不可读取。同样，银行也记录着您的数字证书。当您尝试进行网上交易时，银行会向您发送由时间字串、地址字串、交易信息字串、防重放攻击字串组合在一起进行加密后得到的字串 A，您的 U 盾将根据您的个人证书对字串 A 进行不可逆运算得到字串 B，并将字串 B 发送给银行，银行端也同时进行不可逆运算，如果银行运算结果和您的运算结果一致便认为您合法，交易便可以完成，如果不一致便认为您不合法，交易便会失败。

图 5-3　支付盾

7. 如何妥善地保存交易记录？

答：若想妥善地保存交易记录，以达到日后作为消费维权证据的目的，就要做到以下几点：

1）全面保存记录。用户的每一次交易，购物网站一般都会自动记录下详细的交易过程。但是用户却容易忽视另外一个很重要的方面，就是 QQ 等实时聊天记录的保存。

2）有重点地保存重要信息。网购平台一般都会通过系统自动完成对整个交易过程的保存，但是对于一些比较大或者很重要的交易，还是建议大家在交易过程中把一些重要的交易信息和画面等随时截屏保存好，以便和系统自动保存的交易记录相互印证。同样，在重要的交易过程中，聊天记录除了本身的自动保存外，最好也以其他方式备份保存到硬盘里，方便在必要的时候能够快速取证、解决纠纷。

及时删除计算机上的交易痕迹。当网友在网上完成在线交易后，浏览器可能会把在交易过程中输入的信息保存在相关设置中，这样下次再访问同样信息时可以很快地到达目的地，以提高浏览效率。浏览器的缓存、历史记录及临时文件夹中的内容会保留相关的交易记录，这些记录一旦被别有用心的人得到，就有可能寻找到有关交易信息的蛛丝马迹。因此，一定要在保存好交易记录后，及时删除交易后的痕迹。

8. 网店在购物网站发布的广告，有人管理吗？

答：《第三方电子商务交易平台服务规范》中规定，平台经营者对平台内被投诉的广告信息，应当依据广告法进行删除或转交广告行政主管机构处理。第三方交易平台应约束站内经营者不得发布虚假的广告信息，不得发送垃圾邮件。对于国家明令禁止的商品或服务，提供搜索服务的第三方交易平台在搜索结果展示页面应对其名称予以屏蔽或限制访问。这说明，网店在购物网站发布的广告，是有人管理的，管理人就是购物网站。

9. 网店需要在网上公开营业执照信息吗？

答：《网络商品交易及有关服务行为管理暂行办法》第 10 条规定，已经在工商行政管理部门登记注册并领取营业执照的法人、其他经济组织或者个体商户，通过网络从事商品交易及有关服务行为的，应当在其网站主页面或者从事经营活动的网页醒目位置公开营业执照登载的信息或者其营业执照的电子链接标识。通过网络从事商品交易及有关服务行为的自然人，应当向提供网络交易平台服务的经营者提出申请，提交其姓名和地址等真实身份信息。具备登记注册条件的，依法办理工商登记注册。由此可见，网店是需要在网上公开营业执照信息的，以供消费者查阅。

10. 秒杀产品一定就物美价廉吗？

"你今天秒到了没有？"近来在年轻白领间又多了这样一句特殊的问候语。"秒"便是"秒杀"的简称。秒杀就是网络卖家发布一些超低价格的商品，所有买家在规定时间进行网上抢购的一种销售方式。通俗一点讲，就是网络商家为达到促销等目的组织的网上限时抢购活动。由于商品价格低廉，往往一上架就被抢购一空，有时只用一秒钟便售罄了。目前，在淘宝等大型购物网站中，"秒杀店"的发展可谓迅猛。如今大到房子、汽车，小到服装鞋帽都会加入"秒杀商品"的行列。

"秒杀"真的就那么好吗？其实秒杀的背后有着一些不为您所知道的事情。

对于商家来讲，"秒杀"是获取利益的一种途径。此种途径的实现大致分为以下两种方式。当然，这两种方式也可以看作商家实行"秒杀"的直接目的。

首先，秒杀的价格低到与商品本身的价值没有什么关系。比如：一元秒杀汽车，秒杀的本质已经不是购买汽车，而是炒作事件，宣传本次活动，借本次活动达到商家想要达到的宣传目的，商品就是商家付出的广告费。目前这种手段常被淘宝等电商巨头或者网上商城运用。

其次，利用网民对"秒杀"的认识，销售商品，取得暴利。网民受秒杀事件营销的影响，认为秒杀的商品都异常便宜。部分无良商家抓住网民这种心理，对商品进行秒杀包装，用软件修饰的美图隐藏了商品的真品质、真面目，吸引网购群体秒杀，从而赢得暴利。消费者拿到手里的商品往往不值秒杀的价格。

由此，虽然"秒杀"也可以让买家用低价买到较高档的商品，但业内人士提醒消费者，参与"秒杀"不仅仅要手快，更重要的是，还需要看清楚产品是不是值得去抢购。

"秒杀"其实就是在虚拟购物环境中的限时抢购。从消费心理学角度分析，这种"限时限量"的提醒会使消费者处于一种紧张的心理状态之下，同时增强对商品的"物以稀为贵"的兴趣，很有可能买下自己并不需要的东西。"秒杀"成瘾的消费者要警惕自己陷入非理性的消费误区。

任务二　虚假网站的辨别

故事引入：遇到了虚假网站

李大爷网上购物最常去的是京东商城，有时也上淘宝逛逛。这天在儿子家闲来无事就想上淘宝看看。他不记得淘宝的网址，就搜索了一个登录上去，但感觉好像和以前登录的淘宝网不太像，就叫儿子过来看看。儿子一看，忙说："老爸，这是假冒淘宝网，千万别输上您在真淘宝网上注册的用户名和密码。"

教你一手——上网过程中要注意个人信息的保护

虚假网站主要是指通过伪造一些合法的网站而非法牟利的网站。现在有很多虚假网站，经常发生知名购物网站或银行网站被冒名顶替的事件，骗子的主要目的是获得该用户的所有保密信息，给网络用户带来经济损失。例如，据央视报道因为登录假中行网站而损失 2.5 万元的一位先生，日前要求银行赔偿其损失，但遭银行拒绝。银行方面表示，对此类事件，银行从未有过赔付的先例。这起案例，不仅给网民造成了损失，而且也使用户对银行产生了不信任感。

对于进入的是否是虚假网站，我们可以通过检查网站的工商红盾标志看是否能凭其进入以"gov. cn"结尾的当地工商行政管理局的官方网站，并查看该公司相关信息。还可以查看该网站是否有"可信网站信用评价标志"和"诚信网站标志"，如图 5-4 所示。

图 5-4　正规网站标志

温馨 提 示

这些标志一般在正规网站的首页最下面可以看到，并可以点击进入相关监管部门的网页。

网络改变生活

1）单击"工商红盾"标志，可以看到该网站在工商局的备案信息，如图5-5所示。

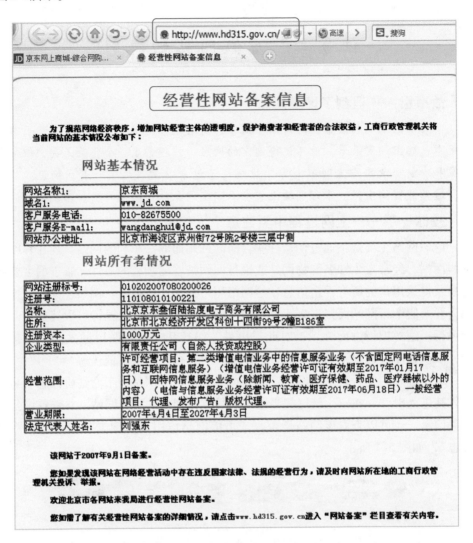

图5-5　经营性网站备案信息

2）单击"可信网站信用评价"标志可看到该网站的"企业信用评价等级证书"，如图5-6所示。

3）单击"诚信网站"标志可看到该网站的"中国互联网诚信示范企业证书"，如图5-7所示。

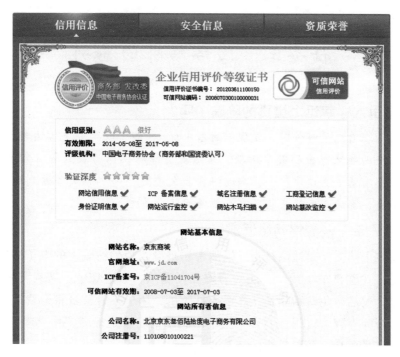

图 5-6　企业信用评价等级证书

图 5-7　中国互联网诚信示范企业认证书

任务三　网络陷阱的鉴别

故事引入：幸运之星真的降临了吗？

李大爷在看电子邮件时，发现一封信中说："阁下收到的是幸运邮件，只要您按照信中的地址寄出小额幸运款，幸运就会降临，您将收到数以万元计的汇款，如果您有意失去这次机会，霉运将会长久追随……"李大爷看到这封邮件，心里很不安，真的是幸运来临了吗？赶紧问问儿子吧。

教你一手——警惕网络诱惑

这是网上陷阱，是违法行为。施骗者先是设法得到被骗者的电子邮件地址，发去一封"中奖喜报"或"幸运免费赠品"喜报，告之您中了某某大奖或幸运之星降临，奖品或免费赠品是计算机或打印机，请于某月某日将运费汇往某地，过期即被视为弃权。说得煞有介事，不由您不信。于是很多"中奖者"或"幸运者"把运费汇出，可是等来的却是音信杳无。

电子邮件是网民最常用到的工具，很多骗子就是根据受骗人的知识面和信息的透明度限制而发送诱惑性的邮件来骗取钱财。知道这一点的话，对付这样的骗局也很简单，只要提高防范意识，不要轻易相信天上会掉馅饼，不贪心，对不明来历的邮件直接把它们删除，也就不会被骗了。

网络时代的灰色诱惑很多，一定要提高警惕。

任务四　手机网络的安全提示

故事引入：这样的链接能打开吗？

近日，李大爷接到一陌生短信，称事主的车辆有超速违章记录，并提示需要事主通过网站（www.jxlj.cc/xj.apk）下载手机客户端进行处理。当李大爷正准备用手机打开该网站时，儿子赶紧制止了他，说："这是诈骗的链接，千万不要打开呀。"

这是怎么回事呢？原来，随着手机网络的普及，手机网络金融诈骗案件也随之增多。这里收集整理了一些网络安全防范知识，提醒大家注意手机网络安全。

教你一手——手机网络安全

1）从正规软件发布商城下载手机应用软件。装有安卓系统或 iOS 苹果手机系统的智能手机，通过安装一些应用，可扩展智能手机的应用功能，然而这也带来了一些安全隐患。

对于苹果手机来说，建议在手机中的 App Store（应用商城）中下载使用经过苹果公司验证过的应用软件。而装有安卓系统的智能手机，生产厂家一般会在手机上预装应用商城。另外，一些知名互联网企业开发了功能强大的手机管家等软件，也可以在该软件中下载使用安卓应用软件。

2）使用手机上网时，不打开来历不明的链接。手机恶意软件或病毒通常会隐藏在一些网络链接背后，不法分子会将该链接描述为一些人们感兴趣的内容，如"好久没见了，老同学，这是咱们年轻时的照片""空难坠机视频"等。打开该链接后，恶意程序会在手机后台运行，就有可能造成个人信息的泄露。

3）银行发送的验证码等提示信息不要泄露给他人。在网络交易中，各大银行为了确认客户网上购物身份的真实性，会向网银账户预留手机发送验证码等确认短信，等待客户反馈该验证码后再完成扣款交易。如果在没有网络购物的情况下收到银行提供的验证码短信，说明本人持有的银行卡号在他处进行网络交易，此时切勿向他人提供该验证码，并及时向银行进行核实。

温馨 提示

一些不法商家会在手机中预先装入一些信息窃取软件，再通过网络或实体店的形式将手机重新包装后出售。此类软件会在后台运行，即便是恢复出厂设置，该类预装程序也会自动重新安装在手机当中。因此建议在正规商家购买手机。此外，建议不要对手机进行越狱或 Root 等操作，因此类操作相当于提高了手机使用者的应用等级，使手机始终处于开放所有功能的状态，给不法分子侵入手机系统提供了便利。同时要安装手机杀毒软件进行定期杀毒。

本单元 小结

本单元讲述了网络购物中的常用知识，介绍了正规网站的标志，阐明了电子邮件诈骗的相关手段以及手机网络安全的相关提示和操作方法。这些都是现代生活中经常会遇到的，希望本单元的介绍能为大家的网络生活提供一些安全保障。

思考与练习

1. 李大爷想去工商银行申请一个 U 盾，并用 U 盾在工行网上银行给山区的孩子们转账捐款。请尝试帮他操作。

2. 李大爷要给自己的手机下载并安装一个 360 手机助手，并对手机进行一次杀毒和垃圾清理。请尝试帮他操作。

参考文献

［1］吴慧涵，等．市民科普读本［Z］．北京：西城经济科学大学，2015.2.

［2］吴慧涵，等．公共文明引导员素质教育读本［M］．北京：电子工业出版社，2013.

［3］一线文化．中老年人学电脑与上网［M］．北京：中国铁道出版社，2015.

［4］朱虹颖．网购达人扫货秘笈［M］．北京：中国铁道出版社，2013.

［5］计静怡．网购维权完全手册［M］．北京：中国政法大学出版社，2012.